谁种谁赚钱·设施蔬菜技术丛书

西瓜 甜瓜设施栽培

常有宏 余文贵 陈 新 主 编

徐锦华 羊杏平 等 编 著

U0238298

中国农业出版社

图书在版编目（CIP）数据

西瓜　甜瓜设施栽培/徐锦华等编著．—北京：中国农业出版社，2013.9（2015.9重印）
（谁种谁赚钱·设施蔬菜技术丛书/常有宏，余文贵，陈新主编）
ISBN 978-7-109-18243-1

Ⅰ.①西… Ⅱ.①徐… Ⅲ.①西瓜-瓜果园艺-设施农业②甜瓜-瓜果园艺-设施农业　Ⅳ.①S627

中国版本图书馆 CIP 数据核字（2013）第 195808 号

中国农业出版社出版
（北京市朝阳区农展馆北路2号）
（邮政编码 100125）
责任编辑　杨天桥
———————————
北京中兴印刷有限公司印刷　新华书店北京发行所发行
2013 年 9 月第 1 版　2015 年 9 月北京第 2 次印刷

开本：850mm×1168mm 1/32　印张：3.5　插页：2
字数：83 千字　印数：4 001～7 000 册
定价：18.00 元
（凡本版图书出现印刷、装订错误，请向出版社发行部调换）

编写人员

徐锦华　羊杏平

刘　广　姚协丰

李苹芳　高长洲

朱凌丽

　　我国农民历来有一个习惯，不论政府是否号召，家家户户都要种菜。

　　在人民公社化时期，即使土地是集体的，政府也划给一家一户几分"自留地"种菜。白天，农民在集体的土地上种粮，到了收工的时候，不管天黑，也不顾饥肠辘辘，一放下工具就径直奔向自留地，侍弄自家的菜园。因为，种菜不仅可以满足一家人一年的生活，胆大的人还可以将剩余的菜"冒险"拿到市场上换钱。

　　实行分田到户后，伴随粮食的富余，种菜的农民越来越多。因为城里人对蔬菜种类和数量的需求日益增长，商品经济越来越活跃，使农民直接看到了种菜比种粮赚钱。

　　近一二十年来，市场越来越开放，农业生产分工越来越细，种菜的农民也越来越专业，他们不仅在露地大面积种菜，还建造塑料大棚、日光温室，甚至蔬菜工厂等，从事设施蔬菜生产。因为，在设施内种菜，可以不受季节限制，不仅一年四季都有新鲜菜上市，也为菜农增加了成倍的收入。

　　巨大的商机不仅让农民获得了实惠，也使政府找到了"抓手"。继"菜篮子工程"之后，近年来，各地政府又不断加大了对设施蔬菜的资金补贴，据 2010 年 12 月国家发展和改革委员会统计：北京市按中高档温室每亩 1.5 万元、简易温室 1 万元、钢架大棚 0.4 万元进行补贴；江苏省紧急安排 1 亿元蔬菜生产补贴，扩大冬种和设施蔬菜种植面积；陕西省安排补贴资金 2.5 亿元，其中对日光温室每亩补贴 1 200 元，设施大棚每亩补贴 750 元；宁夏对中部干旱和南部山区日光温室、大中拱棚、小拱棚建设每亩分别补贴3 000元、1 000元和200元……使设施蔬菜的发展势头迅猛。截止到2010年，我国设施蔬菜用20％的菜地面积，提供了40％的蔬菜产量和60％的产值（张志斌，2010）！

万事俱备，只欠东风。目前，各地菜农不缺资金、不愁市场，缺的是技术。在设施内种菜与露地不同，由于是人造环境，温、光、水、气、肥等条件需要人为调节和掌控，茬口安排、品种的生育特性要满足常年生产和市场供给的需要，病虫害和杂草的防控需要采用特殊的技术措施，蔬菜产品的质量必须达到国家标准。为了满足广大菜农对设施蔬菜生产技术的需求，我社策划出版了这套《谁种谁赚钱·设施蔬菜技术丛书》。本丛书由江苏省农业科学院组织蔬菜专家编写，选择栽培面积大、销路好、技术成熟的蔬菜种类，按单品种分16个单册出版。

由于编写时间紧，涉及蔬菜种类多，从选题分类、编写体例到技术内容等，多有不尽完善之处，敬请专家、读者指正。

2013年1月

出版者的话

第一章　西瓜甜瓜生物学特性 ……………………………… 1

一、西瓜生物学特性 ……………………………………………… 1

（一）形态特征 ……………………………………………… 1

（二）生育特性 ……………………………………………… 3

（三）西瓜对环境条件的要求 ……………………………… 5

二、甜瓜生物学特性 ……………………………………………… 7

（一）形态特征 ……………………………………………… 7

（二）生育特性 ……………………………………………… 9

（三）甜瓜对环境条件的要求 ……………………………… 11

第二章　西瓜甜瓜设施栽培优良品种 ………………………… 14

一、西瓜设施栽培优良品种 ……………………………………… 14

（一）小果型西瓜品种 ……………………………………… 14

（二）中果型西瓜品种 ……………………………………… 17

二、甜瓜设施栽培优良品种 ……………………………………… 20

（一）厚皮甜瓜品种 ………………………………………… 20

（二）薄皮甜瓜品种 ………………………………………… 25

第三章　西瓜甜瓜设施栽培技术 ……………………………… 30

一、设施栽培育苗技术 …………………………………………… 30

（一）冬春季育苗 …………………………………………… 30

（二）夏季育苗 ……………………………………………… 34

（三）穴盘育苗 …………………………………… 36
（四）嫁接育苗 …………………………………… 38
二、西瓜设施栽培技术 …………………………… 45
（一）西瓜小棚双膜覆盖栽培 …………………… 45
（二）西瓜大棚早熟栽培 ………………………… 51
（三）西瓜日光温室早熟栽培 …………………… 56
（四）西瓜大棚秋延后栽培 ……………………… 58
（五）西瓜大棚长季节栽培 ……………………… 60
（六）小果型西瓜设施栽培 ……………………… 62
（七）嫁接西瓜设施栽培 ………………………… 64
三、甜瓜设施栽培技术 …………………………… 66
（一）薄皮甜瓜小棚覆盖栽培 …………………… 66
（二）薄皮甜瓜大棚、日光温室早熟栽培 ……… 70
（三）厚皮甜瓜大棚、日光温室早熟栽培 ……… 72
（四）厚皮甜瓜秋延后设施栽培 ………………… 77
（五）网纹甜瓜设施栽培 ………………………… 79
（六）南方哈密瓜设施栽培 ……………………… 80
（七）甜瓜有机生态型无土栽培 ………………… 82

第四章 西瓜甜瓜病虫害综合防治技术 …………… 85

一、病虫害综合防治 ……………………………… 85
（一）农业防治 …………………………………… 85
（二）物理防治 …………………………………… 86
（三）药剂防治 …………………………………… 86
二、西瓜、甜瓜主要病害识别与防治 …………… 87
（一）猝倒病 ……………………………………… 87
（二）立枯病 ……………………………………… 88
（三）炭疽病 ……………………………………… 89
（四）枯萎病 ……………………………………… 90

（五）蔓枯病 ················· 91

（六）疫病 ················· 92

（七）白粉病 ················· 93

（八）霜霉病 ················· 94

（九）叶枯病 ················· 95

（十）病毒病 ················· 96

（十一）根结线虫病 ················· 96

三、西瓜甜瓜主要虫害识别与防治 ················· 97

（一）黄守瓜 ················· 97

（二）蚜虫 ················· 98

（三）瓜叶螨 ················· 98

（四）白粉虱 ················· 99

（五）蓟马 ················· 100

（六）美洲斑潜蝇 ················· 100

（七）瓜绢螟 ················· 101

（八）小地老虎 ················· 101

第一章

西瓜甜瓜生物学特性

西瓜和甜瓜都属于葫芦科一年生草本植物，在植株形态特征、生育特性和对环境条件的要求等方面既存在相似性也存在一定的差异。

一、西瓜生物学特性

（一）形态特征

1. 根

西瓜的根为主根系，由主根、多级侧根和不定根组成。西瓜根系深广，在土层深厚、土质疏松、地下水位低及直播条件下，分布范围水平横向达 2～3 米，深达 1.5 米。主要根群分布在 20～30 厘米的耕作层内。初生根发生较少，纤细，易损伤，木栓化程度较高，再生能力弱，不耐移植。西瓜根系的分布因品种、土质及栽培条件不同有很大的差异。

2. 茎

西瓜的茎为蔓性，幼苗期节间极短缩，叶片紧凑，直立状。4～5 片真叶后节间伸长，匍匐生长。茎的分枝性强，每个叶腋均形成分枝，可形成 3～4 级侧枝。分枝主蔓第 2～5 节叶腋形成子蔓，长势接近主蔓，为第一次分枝；在主蔓第二雌花前后若干节抽生子蔓，生长较旺盛，为第二次分枝高峰；其后因植株挂果，分枝力减弱。丛生西瓜节间短缩，分枝较少，由于节间短而成丛生状。无权西瓜主蔓基部很少形成侧蔓。

3. 叶

西瓜的叶为单叶，互生，由叶柄、叶脉和叶身组成。成长叶为掌状深裂，边缘有细锯齿，全叶披茸毛。子叶椭圆形，子叶大小与种子大小有关。第一片真叶小，近矩形，裂刻不明显，叶片短而宽；其后真叶逐渐增大，裂刻由少到多，4～5 叶后裂刻较深，叶形具品种特征。根据裂刻的深浅和裂片的大小，可分成狭裂叶型、宽裂叶型和全缘叶型。西瓜叶片的大小因品种、长势、着生位置的不同变化很大。

4. 花

西瓜的花为单花，着生于叶腋。雄花发生较雌花早，自下而上每隔数朵雄花后出现一朵雌花。花单性，雌雄同株，少数雌花雄蕊发育完全，其花粉具有正常的活力，为雌型两性花。雌型两性花的发生有品种和环境的原因。西瓜萼片 5 枚，绿色，花瓣 5 枚，鲜黄色，基部连成筒状；花药联合成 3 枚，背裂，花粉滞重。子房下位，柱头短，成熟时 3 裂。雌花柱头和雄花花药具蜜腺，靠昆虫传粉，为典型的异花授粉作物。子房形状与果型有关，长果型品种子房长圆筒形，圆果型品种子房圆形。

5. 果实

西瓜果实由子房发育而成，瓠果，由果皮、果肉及种子组成。果实大小品种间差异悬殊，大的可达 15～20 千克，小的只有 0.5～1.0 千克。果实形态多样，可分为圆形、高圆形、短圆筒形、长圆筒形。果皮色泽可分为浅色、条纹花皮、墨绿色和黄色等，浅色皮品种中有的具有网纹，有的没有网纹，条纹花皮品种的底色一般为绿色，深浅程度有差异，覆盖条带的颜色有深绿色或墨绿色，有宽条带或窄条带。果皮厚度品种间差异较大，薄皮类型的品种果皮厚度不足 1 厘米，厚皮类型的品种皮厚 1.5 厘米以上。果肉乳白或黄、深黄、淡红、玫瑰红、大红。果肉质地疏松或致密，前者易沙、空心，不耐贮运，后者不易空心、倒瓤。

6. 种子

西瓜种子由种皮和种胚组成。种皮坚硬，内有一层膜状内种皮。胚由子叶、胚芽、胚轴和胚根组成。子叶肥大，能贮藏大量养分。种子扁平，呈宽卵圆形或矩形，先端有种阜和发芽孔。种子大小差异悬殊。种子色泽因其深浅而不同，可分为白色、黄色、红色、褐色、黑色。种皮光滑或有裂纹，有些具黑色麻点或边缘有黑斑，可分为脐点部黑斑、缝合线黑斑或全面黑斑。

（二）生育特性

西瓜生长发育期 100～120 天，要经过种子萌发、幼苗生长、蔓生长、孕蕾、开花结果、果实成熟（种子发育和成熟）等阶段。根据其生长形态、发育阶段、生理特点可分 4 个时期（以春植西瓜为例）。

1. 发芽期

由种子萌发到子叶出土、平展至第一片真叶显露为发芽期。种子发芽开始时用本身子叶内贮藏的养分供应胚和幼根生长，地上部分可看到子叶平展和子叶中间生长点部分有三角形突起出现（真叶的雏形）。这时真叶抽出较慢，但地下部分相对生长较快，形成了二次根（侧根）。这个阶段需要 5～7 天。这时苗床的温度、湿度管理是关键。幼苗出土后，苗床温度应控制在白天 20～25℃，夜晚 8～20℃，相对湿度 85％左右为好。如育苗棚内温度过高，则下胚轴过度伸长形成高脚苗；土壤湿度过大则易发生烂种与猝倒病。

2. 幼苗期

从第一片真叶到第 6～7 片真叶为幼苗期。幼苗期有 2 个生长中心，一个是根群的生长与扩展，另一个是地上部分的生长。此阶段光合作用产物主要运往根部，迅速形成庞大、具有较强吸收作用的根系群，主蔓顶端已形成 8～9 片分化完全的小叶，叶腋间已形成侧枝及花的雏形。这时如阳光充足、温度适宜，则叶片肥厚、浓绿，节间粗短。子叶保存是否完好也是壮苗的标志之一。这一阶段前期在苗圃、后期在大田完成。如何使 2 个时期顺利衔接，苗床后期的温度、湿度管理非常重要。移植前要控苗炼苗，逐步使幼苗适应大田气候环境，定植后注意保持土壤温度和湿度，促使根群加快发育，保证植株顺利进入下一生长阶段。

3. 伸蔓期

幼苗由直立生长转为匍匐生长直至主蔓坐果节位雌花开放，为伸蔓期。在25℃条件下，这一阶段需30天左右。在伸蔓期，植株生长加速，叶面积扩大，主蔓上长出侧枝，叶腋间雄花陆续开放。根的吸收能力加强，形成了强大根群。至坐果节位雌花将开放时，生长速度延缓，植株由营养生长转入生殖生长，叶片的光合产物分流至花和幼果中。这时如遇到不良天气或措施不当，如阴雨天多、光照不足、氮肥施用过多等，就会引起徒长，延长营养生长期，不利于开花结果。本阶段关键是通过施肥、整枝等技术，调节营养生长和生殖生长的关系，使植株能及时、顺利地进入开花结果阶段。

4. 坐果期

由坐果节位的雌花开放、授粉受精完成到果实发育完成，为坐果期。根据品种属性不同，坐果期30～45天。根据果实的不同发育阶段，坐果期又可分为坐果初期、果实膨大期和坐果后期。

坐果初期是从果实开始膨大到果面茸毛脱落。根据品种不同，这一阶段需7～10天。果实茸毛脱落后进入果实膨大期，果实增长加速，25天左右即能长到品种应有的重量。在这一阶段中，地上部分生长旺盛，叶面积大，同化物质仍主要流入生长点。这一时期也是果实细胞发育增快的时期，果实和叶片生长都需要大量营养，如幼果营养不足，就会干枯脱落。因此，必须调节好营养生长和生殖生长的关系，使营养生长顺利向生殖生长过渡。膨大期果实重量以每昼夜100克以上的速度增长，生长极为迅速，经18～25天就能长到品种应有的重量。皮色、形状、大小等，都表现了本品种的固有特征。这时是营养生长和生殖生长并存、需要吸收大量营养的时期，生产上必须保证肥、水的充足供应。

坐果后期营养生长转缓，主要是果实内部糖分的转化和积累，果肉和种子也呈现出本品种的特征。这时如气候条件适宜，叶片保持正常，就有2次结果的可能。因此，西瓜在后期的管理主要是保护功能叶，延长叶片的寿命，防止茎、叶早衰。栽培措施如根外追肥、喷药防病等应及时跟上。

（三）西瓜对环境条件的要求

1. 温度

西瓜是喜温作物，其生长发育需要较高的温度。最适宜生长的温度18～32℃，低于10℃基本停止生长，低于5℃即受冻害，高于35℃生长受阻。在各个不同的生长发育阶段，所需温度也不同，发芽适温20～30℃，在15～35℃范围内，温度越高发芽时间越短；营养生长适温25℃，在20～32℃范围内，随着温度升高生长速度加快、生育期提前；开花坐果的最适温度是25～30℃，低于18℃雄花花药不开裂、不散粉。如果开花坐果期突然低温，易造成果实发育缓慢、皮厚空心、畸形、含糖量下降。西瓜适宜于大陆性气候下栽培，生长和结果都需要较大的日夜温差。较高的日温有利于西瓜的同化作用，制造较多的营养物质；较低的夜温降低了呼吸作用和养分的消耗。在适温的范围内，昼夜温差大有利于营养物质积累，有利于提高果实糖分。

西瓜根系生长的最低土壤温度是10℃，最适温度是28～32℃，根毛发生的最低土壤温度是13～14℃。早春栽培西瓜的苗期，因土壤升温较慢，需要一定的覆盖、温床或电热线育苗，以满足苗期对温度的需要。

2. 光照

西瓜为喜光植物，在生长发育过程中需要充足的日照时数和较高的光照度。西瓜对光照度的反应非常敏感。连续的阴雨天、日照不足，即表现为节间伸长、叶片变长变薄、叶色变浅、茎细弱、小果易脱落；晴天，阳光充足，则表现为节间粗短健壮、叶色浓绿肥厚、小果发育正常。较高的温度和较长的日照时数能增加叶片数和叶面积，单株花数、子房大小、子房内胚珠数目都随日照时数延长而增加，素质也大大提高。

3. 水分

西瓜较耐旱，但也是需水较多的植物。西瓜植株所需的水分绝大部分通过强大的根系从土壤吸收，土壤含水量的多少直接关系到植株的生长发育状况。西瓜生长的适宜土壤含水量为田间持水量 65%～75%；苗期为 65%，有利于根系发展和深扎；伸蔓期为 70%；果实膨大期为 75%～80%，才能满足果实膨大的需要。西瓜一生中对水分最敏感的时期有两个：一是坐果节位的雌花现蕾至开放，这时如土壤水分不足，雌花的子房小，影响坐果，加之空气干燥，影响花粉发芽，降低了坐果率，因此在干旱季节，开花前必须注意灌溉，通常是即灌即排（俗称灌"走马水"），以改善田间湿度状况；二是在果实膨大期，此时如水分不足，果实细胞膨大受到抑制，果型变小，严重时果实畸形、皮厚空心，影响产量和品质。如久旱遇雨，还会造成裂果。

西瓜植株虽然需水量大，但要求空气干燥的环境，以空气湿度 50%～60%最为适宜，较低的空气湿度有利于果实含糖量积累；空气湿度过大，则果实味淡，品质差，植株易感病。

西瓜根系极不耐涝，大雨或灌溉不当，往往使土壤耕作层水分饱和而缺氧，当大雨浸地 2 小时未能排出时，根毛窒息死亡。这就是大雨过后西瓜植株容易发生萎蔫的原因。

4. 土壤

西瓜植株对土壤适应性极广，在沙土、黏壤土、丘陵红壤或新开荒地、新围垦地都可以生长，但最适宜的土壤是土层深厚、排水良好、肥沃的沙壤土或壤土。西瓜根系有明显的好气性，在沙壤土或壤土上生长，因其结构好、空隙度大、通透性好、早春温度上升快、昼夜温差大，有利于根系生长和地上部分发育，也有利于果实品质改善。但在沙性重的土壤，保水保肥能力差，常使养分淋失，因此应增施有机肥，追肥也应少量多次。在黏重的土壤里，渗透性差，温度上升较慢，幼苗生长较慢，最好能在整地时多施有机肥，以改善土壤的透气性。新垦地由于未种过西瓜，病害轻，也很适宜种植西瓜。

　　影响西瓜生长的土壤化学性质主要是土壤溶液的酸碱度和含盐量。西瓜生长要求土壤溶液呈弱酸性至微碱性，即 pH5～8，低限 pH4.2，酸度过高影响钙的吸收，枯萎病严重。在酸性土壤上种瓜，必须施用生石灰，以中和土壤酸性。土壤适当的含盐量可使果实糖度提高，但含盐量超过 0.2% 时，植株生长缓慢，甚至死亡。在盐碱地上种瓜，土壤必须经过改良，防止土壤泛碱烧损伤植株根部。西瓜的病虫大部分在土壤里，附着在作物残体上越冬，有些病菌在土壤里可以存活 10 年以上，因此瓜地切忌连作，以免引起枯萎病大发生。西瓜对土壤轮作的要求十分严格，轮作年限为水田 3～4 年，旱地 7～8 年。

二、甜瓜生物学特性

（一）形态特征

1. 根

　　甜瓜的根系由主根、侧根和根毛组成，属主根系，根系发达，生长旺盛，入土深广，在葫芦科植物中其发达程度仅次于南瓜、西瓜。厚皮甜瓜的根系较薄皮甜瓜的根系强健，分布范围更深更广，因此，耐旱、耐瘠能力强。薄皮甜瓜的根系分布较浅，主要根群呈水平生长，但薄皮甜瓜的根系较厚皮甜瓜的根耐低温、耐湿性能力强。甜瓜根系好气性强，要求土质疏松、通气良好的土壤条件，因此大部分根群多分布于 10～30 厘米耕作层中。甜瓜根系木栓化程度高，再生能力弱，损伤后不易恢复，因此栽培中应采用营养钵等护根育苗措施，尽量避免伤根，并争取适当早定植。

2. 茎

　　甜瓜的茎为一年生蔓性草本，苗期节间短，直立生长，

4~5片叶后节间伸长，爬地匍匐生长。分枝性极强，每个叶腋都可发生新枝条，主蔓上发生一级侧枝（子蔓），一级侧枝上发生二级侧枝（孙蔓），孙蔓上还能再生侧蔓。只要条件适宜，甜瓜可无限生长，形成一个庞大的株丛。甜瓜主蔓上发生的子蔓中，第一子蔓多不如第二、第三子蔓健壮，栽培管理上常不选留。

3. 叶

甜瓜的叶为单叶，互生，无托叶。叶形有圆形、肾形、掌状、五裂，有棱角或全缘。不同类型、品种的甜瓜，叶片的形状、大小、叶柄长度、色泽、裂刻有无或深浅以及叶面光滑程度都不同。多数厚皮甜瓜叶片较大，叶柄较长，裂刻明显，叶色浅绿，叶面较平展，刺毛多而且硬；薄皮甜瓜叶片较小，叶柄较短，叶色较深，叶片皱褶多，刺毛较软。

4. 花、果实

甜瓜的花着生在叶腋处，雄花发生最早、单生或簇生，雄蕊两两联合一枚独立，成为3组，花丝较短，花药在雄蕊外折叠，花粉黏滞，虫媒花。多数栽培品种的雌花为两性花，少数品种为单性雌花，两性花和单性雌花都叫结实花。两性花既有雄蕊又有雌蕊，花药位于柱头外侧，柱头、子房结构同单性雌花。两性花的花药，花粉数量、大小，花粉的萌发与受精能力与雄花花粉无异。甜瓜花芽分化期较早，当子叶充分展平，第一片真叶还未展平时，花芽分化已经开始。环境条件不仅可以影响甜瓜花芽分化的速度，而且影响花芽的着生节位、数量、雌雄花比例和花芽的质量。一般苗期较低的夜温可使花芽分化质量提**高**，通常控制苗期温度，以日温在最适于茎叶生长的范围内，而夜温略高于生长的最低温度为宜，即昼温25~30℃，夜温17~20℃，对花芽分化最为有利。甜瓜花芽分化能否进行，一般不受日照长短的限制，但花芽分化节位高低、结实花数量和质量都与日照有关，且与温度相关联。一般低温短日照有利于结实花分化，节位低、数量多、雌雄比例高，高温长日照则相反。甜瓜的着花习性与性型有关，但即使同一性型，雄花、雌花（包括两性花）在植株上着生的数量和位置也因种类和品种不同而不同，有两性花在主蔓上发生较早的类型，有两性花在主蔓上发生较晚而在子蔓上发生较早的类型，还有两性花在主蔓、子蔓上发生都较晚，而在孙蔓上发生较早的类型等。根据着花习性的差别，栽培管理中不同的甜瓜品种有不同的整枝要求。

5. 果实

甜瓜的果实为瓠果，由子房和花托共同发育而成，可食部分为发达的中果皮和内果皮。甜瓜果实具有多样性，成熟果实的形状有圆球、扁圆、长圆、椭圆、长卵圆和纺锤形等，果皮颜色有黄色、白色、绿色、褐色、灰色、暗红色，果面特征有光皮、网纹、条沟、有棱等区别。果肉颜色有白色、绿色、橙红、黄色等，肉质有绵、软、脆之分。甜瓜果实成熟时，一般具有不同程度的芳香味。

6. 种子

甜瓜种子表面平直或波曲，有椭圆形或长扁圆、披针形、芝麻粒形等形状；种子的颜色为黄白色，少数为紫红色。甜瓜种子大小不同类型和品种间变异比较大，通常厚皮甜瓜种子较大，千粒重 25～80 克，薄皮甜瓜种子较小，千粒重 8～25 克。

（二）生育特性

甜瓜的一生大致可划分为 4 个时期：发芽期、幼苗期、**伸蔓**现蕾期和结果期。

1. 发芽期

从播种至真叶露心为发芽期，约 10 天左右。主要依靠子叶里贮藏的养分生长，生长量较小。

2. 幼苗期

从真叶露心到第五片真叶出现，约 25 天 。此期以叶生长为主，茎呈短缩状，植株直立。幼苗期外表生长缓慢，但这一阶段是幼苗花芽分化、苗体形成的关键时期。这一时期管理的好坏对以后开花坐瓜早晚、花和果实发育质量都有很大关系。在昼温30℃、夜温15～18℃、日照12小时的条件下，花芽分化早、雌花节位低、质量高。南方早熟栽培，这一时期正处于早春低温多雨条件下，应创造良好的育苗环境促进根系生长和花芽分化。薄皮甜瓜在此期多采用主蔓摘心的方法，促使子蔓和孙蔓生长，早现雌花。

3. 伸蔓现蕾期

从第五片真叶出现到第一雌花开放为伸蔓现蕾期，一般15～20天。前期要促进植株健壮生长，后期要调节好肥水，及时整枝控制植株长势适度而不徒长。

4. 结果期

从第一雌花开放到果实成熟为结果期，薄皮甜瓜一般20～30天，厚皮甜瓜一般25～60天。根据生长特点又可细分为坐果期、膨果期和成熟期等三个时期

从雌花开放到果实退毛，为坐果期，约7天，果实退毛即幼果子房表面的茸毛开始稀疏不显，此时一般幼果鸡蛋大小，由于幼果增重而果柄开始弯曲下垂。这一阶段是茎叶生长最旺盛的时期，植株生长中心逐渐由茎蔓顶端生长点转移到果实中去。此期内果实的生长主要是细胞迅速分裂、细胞数急剧增加而实现，要通过整枝和人工辅助授粉等各项控制措施促进生长中心顺利转移，以利及时坐瓜，防止跑秧和落花落果。

从果实退毛到果实停止膨大定瓜，为膨果期，薄皮甜瓜、极早熟厚皮甜瓜约10天左右，厚皮甜瓜约13～20天。这时植株总生长量达到最大，日生长量达到最高值。植株生长量以果实的生长为主，是果实生长最快的时期。此时果实细胞分裂不多，主要是果肉细胞体积迅速膨大。膨果期是决定果实产量的关键时期，应供应充足的肥水和防治病虫害，以满足果实迅速膨大的需要。

从定果到充分成熟，为成熟期，薄皮甜瓜一般 7～10 天，厚皮甜瓜长达 20～40 天。这时植株茎、叶的生长趋于停止，果实体积虽然停止增大，但果实重量仍有增加，逐渐出现网纹、色素、香气等的变化，含糖量特别是蔗糖含量大幅度增加。有的品种果柄分化离层。这时应防止植株早衰，防治病虫害，控制浇水和根外追肥以提高果实品质。果实体积的增加先是纵向生长为主，一定阶段后转向横向生长为主。因此，如果因环境因素或留瓜节位过高、营养面积不足而影响了果实后期膨大，则外形总是偏长。

（三）甜瓜对环境条件的要求

1. 温度

甜瓜是喜温耐热作物，种子萌发适温为 30～35℃，低于 15℃种子不发芽。幼苗生长的适宜温度为白天 25～30℃，夜间 18～20℃，较低的夜温有利于花芽分化，降低结实花的节位。茎叶生长的适宜温度为白天 25～30℃，夜 16～18℃，当气温下降至 13℃时生长停滞，10℃时完全停止生长，7.4℃时发生冷害，出现叶肉失绿现象。根系正常生长的温度范围为 8～34℃，最适地温为 20℃。开花期最适温度为 25℃，果实发育期间白天 28～30℃，夜间 15～18℃，保持 10℃以上的昼夜温差，有利于果实发育和糖分积累。白天高温有利于植株光合作用，制造较多养分；夜间较低温度有利于糖分积累，减少呼吸作用的消耗，加速叶片同化产物向贮藏器官运转。

甜瓜对高温的适应性强，特别是厚皮甜瓜，在 35℃条件下生育正常，40℃仍保持较高的光合作用。但对低温较为敏感，在日温 18℃、夜温 13℃以下，植株生育缓慢。厚皮甜瓜耐热性较薄皮甜瓜强，薄皮甜瓜耐寒性较厚皮甜瓜强。薄皮甜瓜生长的适温范围较宽，厚皮甜瓜生长适温范围较窄。

2. 光照

甜瓜为喜强光作物，生育期间要求充足的光照，在弱光下生长发育不良。植株正常生长通常要求 10～12 小时的日照时数，在 8 小时以下的短日照条件下，植株生长不良。光照充足，甜瓜表现为株型紧凑，节间和叶柄较短，蔓粗，叶大而厚实，叶色浓绿；在连阴天光照不足的条件下，表现为节间、叶柄伸长，叶片狭而长，叶薄色淡，组织不发达，易染病。苗期光照不足影响叶和花芽分化；坐果期光照不足，则影响物质积累和果实生长，果实含糖量下降，品质差。尤其是厚皮甜瓜对光照度要求严格，薄皮甜瓜则对光照度的适应范围较广。

3. 水分

甜瓜叶片蒸腾量大，故需水量较大，但根系不耐涝，受淹后易造成缺氧而致受损，发生植株死亡。因此，应选择地势高燥的田块种植甜瓜，并加强排灌管理。甜瓜的不同生育时期对水分的要求不同，种子发芽期需要充足的水分，因而在播种前要充分灌水。苗期需水不多，但因植株根系浅，要保持土壤湿润。营养生长期至开花坐果期是甜瓜需水较多的时期，应增加灌水量，保证土壤有充足的水分。果实膨大期土壤水分不能过低，以免影响果实膨大。果实成熟期土壤湿度宜低，但不能过低，否则易发生裂果。甜瓜的适宜土壤湿度 0～30 厘米土层的持水量为 70%。土壤过湿易泡根，土壤持水量低于 50% 则受旱，影响甜瓜正常生长和果实发育。

甜瓜要求空气干燥，适宜的空气相对湿度为 50%～60%，空气潮湿则长势弱，影响坐果，容易发生病害。厚皮甜瓜对空气湿度要求严格，薄皮甜瓜耐湿性较强。保护地栽培中，棚室内空气湿度大，是甜瓜生长发育的主要障碍因素之一。

4. 土壤

甜瓜对土壤条件的适应性较广，各种土质都可栽培。最适宜甜瓜根系生长的土壤为土层深厚、有机质丰富、肥沃而通气性良好的壤土或沙壤。以土壤固相、气相、液相各占 1/3 的土壤为宜；沙质土壤增温快，更有利于早熟。适于甜瓜根系生长的土壤酸碱度为 pH6.0～6.8，土壤过酸影响钙元素等的吸收而使茎叶发黄。甜瓜对土壤酸碱度的适应范围广，特别是能忍受一定程度的盐碱，当 pH8～9 的碱性条件下，甜瓜仍能生长发育。过于偏酸的土壤有利于枯萎病等病原物的生存和发生，因此必须施石灰或其他方法改良。

甜瓜耐盐性强，在土层含盐碱总量达 1.2％ 时，幼苗尚能生长，但以土壤含盐量 0.615％ 以下生长较好。在轻度盐碱土壤上种甜瓜，可增加果实的含糖量，改进品质。

第二章

西瓜甜瓜设施栽培优良品种

一、西瓜设施栽培优良品种

西瓜品种类型丰富，根据果实大小可分为小果型、中果型、大果型品种；根据熟性早晚可分为早熟、中熟、晚熟品种。设施栽培西瓜品种一般要求早熟或中熟，耐低温弱光性强，易坐果，产量稳定，品质优良，抗病性强。小果型、中果型西瓜品种一般熟性较早，而大果型西瓜品种熟性普遍较晚。

（一）小果型西瓜品种

小果型西瓜品种是指果实单瓜重小于 2.5 千克的品种。

（1）春光　合肥华夏西瓜育种家联谊会等单位育成。极早熟，全生育期 90～95 天，果实发育期 28～32 天。植株生长稳健，低温下伸长性好，易坐果。果实椭圆形，果型指数 1.3 左右，单瓜重 1.5～2.5 千克。果皮翠绿色，覆墨绿色细条带，外观美。果肉粉红色，肉质细嫩爽口，风味佳。果皮厚 0.2～0.3 厘米，薄而有韧性，耐贮运。

（2）早春红玉　从日本引进的杂种一代。极早熟，果实发育期 30～35 天。低温弱光下雌花着生和坐果性好，植株生长势强，适合温室大棚早熟栽培。果实短椭圆形，单瓜重 2 千克左右。果皮绿色，覆墨绿色细条带，外观美。果皮厚 0.2～0.5 厘米，薄而有韧性，不易裂果，耐运输。果肉桃红色，质细风味佳。

（3）拿比特　从日本引进的杂种一代。极早熟，植株生长势强，低温坐果性好，适合温室大棚早熟栽培。果实椭圆形，单瓜重 2 千克左右。果皮浅绿色，覆深绿色条带，果皮有韧性、不易裂果。果肉红色，肉质细嫩多汁，纤维少。

（4）万福来　从韩国引进的杂种一代。极早熟，植株生长势强，坐果性好，在低温弱光条件下也能正常坐果，且连续坐果保果能力强，产量稳定。果实椭圆形，偏小，单瓜重 1.8 千克左右。果皮绿色，覆细条带，果皮薄，约 0.5 厘米。果肉鲜红色，纤维少，口感好。

（5）红小玉　湖南省瓜类研究所从日本引进的杂种一代。极早熟，植株生长势中等，低温坐果和连续坐果性能良好，每株可坐果 2～3 个。果实高球型，单瓜重 2 千克左右。果皮深绿色，覆 16～17 条细虎纹状条带，条纹细而清晰，外观美。果皮薄，果肉深桃红色，肉质细嫩，粗纤维少，汁水多，味甜，品质佳。

（6）黑美人　台湾农友种苗股份有限公司育成的杂种一代。极早熟，全生育期 90 天左右，果实发育期 28 天左右，夏秋季果实发育期 22 天。生长健壮，抗病，耐湿，夏秋季栽培表现突出。果实长椭圆形，单瓜重 2.5 千克左右。果皮墨绿色，有不明显黑色斑纹，皮厚 0.8～1.0 厘米，有韧性，极耐贮运。果肉深红色，不易空心，味甜而爽口，肉质脆，纤维稍粗。

（7）小天使　合肥丰乐种业股份有限公司育成的杂种一代。特早熟，全生育期 85 天左右，果实发育期 26 天左右，植株生长势强，坐果率高，低温、阴雨条件下坐果性好，适合在塑料大棚、温室早熟栽培。果实椭圆形，单瓜重 1.5 千克左右。果皮淡绿色，覆深绿色细齿状条带，皮厚 0.5 厘米左右，果皮硬度偏低。果肉红色，肉质细脆，纤维含量少，爽口多汁，风味佳。

（8）特小凤　台湾农友种苗股份有限公司育成的杂种一代。极早熟，全生育期 80 天左右，果实发育期 22～25 天。植株生长稳健，耐低温弱光，适宜于温室大棚早熟栽培。果实圆形或高圆形，果形整齐，单瓜重 1.5～2.0 千克。果皮深绿色，覆墨绿色细条带，皮厚 0.3～0.4 厘米。果肉金黄色，肉质细嫩无渣，脆爽，甜而多汁。

（9）小兰　台湾农友种苗股份有限公司育成的杂种一代。极早熟，全生育期 80 天左右，果实发育期 22～25 天。植株生长稳健，耐低温弱光，易坐果，适于温室大棚早熟栽培。果实圆球形至高圆形，果重 1.5～2.0 千克。果皮淡绿色，覆墨绿色细条带，皮厚 0.3～0.5 厘米。果肉黄色晶亮，肉质细嫩脆爽，甜而多汁，口感风味极佳。

（10）黄小玉　湖南瓜类研究所育成的杂种一代。极早熟，全生育期 85～90 天，果实发育期 26 天左右。植株生长势中等，低温坐果和连续坐果能力强。果实高球形，单瓜重 2 千克左右。果皮浅绿底，覆深绿色细条带，外观美，果皮厚 0.2～0.5 厘米。果肉黄色，色泽均匀，肉质细嫩，粗纤维少，汁水多，口感嫩、脆、爽口，味鲜甜，品质佳。

（11）京秀　国家蔬菜工程技术研究中心育成的杂种一代。早熟，植株生长势强，全生育期 85～90 天，果实发育期 26～28 天。果实椭圆形，果形周正，单果重 1.5～2.0 千克。果皮绿色，上覆齿形细条带，外观美。果肉红色，剖面均一，肉质脆嫩，口感好，风味佳。

（12）京阑　国家蔬菜工程技术研究中心育成的杂种一代。极早熟，植株长势较强，全生育期 85～90 天，果实发育期 25～28 天，极易坐果，每株可同时坐 2～3 个。果实圆形，单瓜重 2.0 千克左右。果皮翠绿色，覆深绿色细条带，皮厚 0.3～0.4 厘米。果肉黄色，肉质酥脆爽口，品质优良。

（13）秀丽　安徽省农业科学院园艺研究所育成的一代杂交种。植株生长强健，易坐果，果实发育期 24～26 天。果实椭圆形，果形周正，单瓜重 2.0～2.5 千克。果皮绿色，覆深绿色细条带，果皮厚 0.2～0.3 厘米，薄而韧，耐贮运。果肉浓粉红色，肉质细嫩，风味佳。

（14）宝冠　台湾农友种苗股份有限公司育成的杂种一代。早熟种，全生育期 90 天，结果能力强，耐病性较强。果实短椭圆形，单瓜重 1.5～2 千克。果皮金黄色，外观艳丽。果肉红色，肉质稍粗，中心糖含量 10%～11%。皮薄耐运，开花坐果时或在膨瓜期内遇到低温、降雨、日照不足或生长衰弱时，果皮易生绿斑，影响外观和品质。

（15）金美人　台湾农友种苗股份有限公司育成的杂种一代。植株长势中等，中抗炭疽、病毒病，结果成熟早，高温季节生育期 75 天，易坐果，每株可坐果 3～4 个。果实长椭圆形，单果重 2～3 千克。果皮金黄色，皮厚 0.6～0.8 厘米，皮韧，耐贮运。果肉深桃红色，肉质细脆，甜而多汁。

（二）中果型西瓜品种

中果型西瓜品种是指果实单瓜重大于 2.5 千克、小于 10 千克的品种。果实单瓜重大于 10 千克的品种为大果形品种。

（1）早佳（8424）　新疆农业科学院园艺研究所育成。早熟，全生育期 70～76 天，果实发育期 30 天。植株长势中等，易坐果。果实圆形，果皮绿色，覆墨绿色条带，整齐美观，皮厚 1 厘米。果肉粉红色，肉质松脆、细嫩、多汁，不倒瓤，品质好，风味佳。平均单瓜重 3 千克左右，最大瓜重可达 9 千克。

（2）京欣一号　国家蔬菜工程技术研究中心育成。早熟，全生育期 80～90 天，果实发育期 30 天左右。植株生长势平稳，分枝习性中等，坐果性好。果实高圆形，果形整齐，单果重 4～5 千克。果皮绿色，覆墨绿色条带，有蜡粉，皮厚 1 厘米左右。果肉粉红色，肉质脆嫩，不空心，纤维含量少，口感好，品质佳。

（3）京欣二号　国家蔬菜工程技术研究中心育成。早熟，全生育期 88～90 天左右，果实发育期 28 天左右。生长势中等，果实圆形，果皮绿色，覆墨绿色条带，条带稍窄，有蜡粉。果肉红色。果肉脆嫩，口感好，甜度高，果实中心可溶性固形物含量 12% 以上。与京欣一号相比其突出优点为，在早春保护地生产中低温弱光下坐瓜性好，整齐，膨瓜快，早上市 2～3 天，单瓜重，增产 10% 以上，果实耐裂性提高，果实外形似京欣一号，种子颜色有别于京欣 1 号，为黑色。

（4）春喜　上海市农业科学院园艺研究所育成。早春栽培全生育期 80～90 天，秋栽 70 天左右，果实发育期 30 天左右。植株生长势较强，较耐低温、弱光，容易坐果，果形整齐，抗病性较强。果实圆球形，单瓜重 3 千克左右。果皮翠绿色，覆墨绿条带，果皮厚 0.6 厘米。果肉深粉红色，纤维少，肉质鲜嫩，风味佳，最高可达 13%。

（5）郑抗 6 号　中国农业科学院郑州果树研究所育成的优质抗病早熟品种。果实发育期 25～28 天。植株生长势中，主蔓第四、第五节出现第一雌花，间隔 4～5 节再现一朵雌花，易坐果。单瓜重 5～6 千克，一般每亩①产量 4 000 千克。果实椭圆形，果皮绿色，覆深绿色网纹，果肉大红色，肉质脆，汁多爽口。抗病性与抗旱性较强，适于地膜和设施早熟栽培。

（6）郑杂 7 号　中国农业科学院郑州果树研究所育成。早熟种。全生育期 85 天左右，果实发育期 30～32 天。植株长势中等，坐果性较好，抗病性中等，耐湿性中等，耐肥水。第一雌花着生在主蔓第五至第七节，以后每隔 5～6 节再现雌花。果实高圆形，单瓜重 5 千克。果皮深绿色，覆墨绿色齿状条带，果皮厚 1 厘米。果肉红色，肉质沙脆，汁多，爽口，纤维少。

（7）世纪春蜜　中国农业科学院郑州果树研究所育成。极早熟种，全生育期 85 天左右，果实发育期 23 天。植株生长势中等偏弱，极易坐果，果实圆球形，平均单瓜重 3～4 千克。果皮浅绿色，覆深绿色细条带，外观美。果肉红色，肉质酥脆细嫩，口感极好，品质上等。果皮薄，但不裂果。

（8）春蕾　西北农林科技大学园艺学院蔬菜研究所育成。特早熟种，全生育期 80～85 天，果实发育期 25 天左右。一般在第五节出现雌花，以后每隔 3～4 节再现雌花，第二朵雌花以后，坐果能力较强。果实高圆形，单瓜重 3～4 千克。果皮翠绿

①　亩为我国非法定使用计量单位，15 亩＝1 公顷。——编者注

色，上覆墨绿细条带，均匀分布，条带间隙较宽，且少有杂斑，皮薄且韧，皮厚0.6厘米。果面具光泽性，外观美。瓤色红，籽少且小，口味沙甜，爽润，不空心，不倒瓤，且纤维素含量低。对枯萎病抗性较强。

(9) 豫西瓜7号 原名开杂9号，河南省开封市农业科学研究所育成的早熟品种。生长势中等偏强，主蔓第八节出现第一雌花，以后每隔5节出现一雌花，坐瓜能力强，果实发育期29天左右。果实椭圆形，果实整齐，单瓜重7千克左右。果皮深绿色，覆墨绿色条带。果肉红色，肉质沙脆，汁多爽口，风味佳，耐运输。抗炭疽病，对枯萎病也有一定抗性。

(10) 美抗9号 河北省蔬菜种苗中心育成。早熟种，果实发育期28天。植株生长势强，分枝性中强，易坐果，抗病性较好。果实圆球形，单瓜重4.45千克。果皮深绿色，覆15～17条墨绿色条带，果皮厚1厘米，皮韧，耐贮运。果肉红色，质脆，多汁，不倒瓤，口感好。

(11) 抗病苏蜜 江苏省农业科学院蔬菜研究所育成。中早熟品种，植株长势强，全生育期85～90天，果实发育期30～32天。抗枯萎病，兼抗炭疽病，耐重茬，雌花出现早，易坐果。果实椭圆形，果皮墨绿色，皮薄，红瓤，肉质细。单瓜重4～5千克，最大可达10千克。

(12) 早抗京欣 江苏省农业科学院蔬菜研究所选育。早熟种，早春栽培全生育期90天左右，果实发育期30天左右。植株长势较强，较耐低温弱光，早春设施条件下易坐果，坐果节位较一致。果实圆形，单果重3～5千克。果皮浅绿色，覆宽条带，皮厚0.9厘米左右。果肉鲜红色，口感鲜甜，汁液多，质地沙，风味好。田间抗病性强，抗逆性强。

(13) 丰乐6号 合肥丰乐种业公司选育。果实发育期35天。植株生长势强，坐瓜性好，抗病性较强。果实椭圆形，平均单瓜重6千克左右。果皮墨绿色，果皮坚韧耐贮运。果肉大红色，肉质脆，风味好。

（14）丰乐玉玲珑　合肥市丰乐种业公司育成。早熟种，全生育期 90 天，果实发育期 30 天。植株长势平稳，分枝适中，雌花出现早，极易坐果。主蔓第一朵雌花着生于 6～7 节，以后每隔 4～5 节再现一朵雌花。果实圆球形，平均单瓜重 4～5 千克。果皮绿色，覆墨绿色条带，有蜡粉，果皮厚 1 厘米，硬度强，不裂果，不空心，耐贮运。果肉深红色，肉质紧脆，口感好。七八成熟即可采收上市，贮藏 7～10 天后品质更佳。

（15）皖杂 3 号　合肥市丰乐种业公司育成。早熟种，全生育期 90 天左右，果实发育期 28 天左右。果实高圆形，平均单瓜重 4～5 千克。果皮浅绿色，覆墨绿色锯齿形条带 12～14 条，皮厚 1.2 厘米，硬度较强，较耐贮运。果肉红色，肉质松脆爽口。

二、甜瓜设施栽培优良品种

甜瓜按生态型可分为厚皮甜瓜和薄皮甜瓜两大类型。厚皮甜瓜起源于非洲、中亚（包括我国新疆）等大陆性气候地区，植株长势强，叶色较淡，抗逆性差，果实大，肉厚，产量较高。对环境条件要求较严，喜温暖干燥、昼夜温差大、日照充足，不耐过高的土壤湿度和空气湿度。厚皮甜瓜又可依果皮有无网纹，分为光皮品种和网纹品种。

薄皮甜瓜起源于印度和我国西南部地区，又称香瓜、梨瓜或东方甜瓜。喜温暖湿润气候，较耐湿抗病，适应性强。在我国，除无霜期短、海拔 3 000 米以上的高寒地区外，南北各地广泛栽培。薄皮甜瓜植株长势较弱，叶色较深，抗逆性强。果实较小，果实形状、果皮颜色因品种而异，瓜皮较薄，可连皮带瓤食用。

（一）厚皮甜瓜品种

1. 光皮类型

（1）伊丽莎白　从日本引进的一代杂种。早熟，全生育期 90 天，果实发育期 30 天左右。植株生长势较弱，叶色淡绿，节间短，开花坐瓜率高，耐低温、弱光能力强，适应性广。果实扁圆或圆形，单瓜重 0.6～0.8 千克。果皮鲜黄色，光滑艳丽，无棱沟。果肉白色，肉厚 2.5～3 厘米，腔小，肉质细嫩可口，具浓香味，品质较好，较耐贮藏运输。

（2）状元　台湾农友种苗股份有限公司培育成的厚皮甜瓜一代杂种。早熟，开花后 40 天左右可采收。易坐果，果实橄榄形，脐小，果皮金黄色，平均单瓜重 1.5 千克左右，大果可达 3 千克以上，果肉白色，靠腔部为淡橙色，肉质细嫩，品质佳良，果皮坚硬，不易裂果，耐贮运。株型小，适于密植。

（3）金蜜　台湾农友种苗股份有限公司培育成的厚皮甜瓜一代杂种。早熟，从定植至采收 70～75 天。生长势强，低温弱光条件下，依然坐果力较强，以子蔓结瓜为主，极易坐果，单株结果 3～5 个。果实高圆形，单瓜重 1.9 千克，果皮金黄色，覆银白色条带，外观艳丽，果肉白色，肉质致密细嫩，风味浓香，品质上乘。果皮具韧性，不易裂果，耐贮运。

（4）蜜世界　台湾农友种苗股份有限公司培育的厚皮甜瓜一代杂交种。开花后 45 天左右成熟，低温结果能力强。果实高圆形，果皮淡白绿色，果面光滑，通常无网纹，不易裂果，果梗也不易脱落，单果重 1.4～2.0 千克。果肉翠绿色，肉质柔软，细腻多汁，品质优良，风味鲜美，不易发酵。耐贮运，适于远运外销。采收时肉质仍较硬，须经几天后熟，待果肉软化后食用。

（5）金姑娘　台湾农友种苗股份有限公司培育的厚皮甜瓜一代杂交种。极早熟，全生育期 80 天左右，果实发育期 35 天。植株长势强，耐高温性强，易栽培，生长后期不易衰弱，第二次结果的品质仍甜美。果实橄榄形，单瓜重 1～1.5 千克，果肉纯白色，质地细嫩，不易发酵，风味香甜可口，且糖度和品质均很稳定。成熟果表面金黄色光滑或偶有稀少网纹。

（6）玉姑　台湾农友种苗股份有限公司培育的厚皮甜瓜一代杂交种。开花后 40 天左右成熟。果实椭圆形，单果重 1.5 千克，果皮白色,果肉绿色,肉质软,细嫩,多汁,品质优。

(7) 西薄洛托 日本八江农园株式会社培育的厚皮甜瓜一代杂交种。中早熟种,雌花开放至成熟 40 天左右,全生育期 100 天。植株生长稳健,叶片较小,节间短,子蔓易坐果,坐果率高。果实高圆形,平均单果重 1.1 千克。左右果皮乳白色,光滑有茸毛,果肉白色,果肉厚 3.0～3.5 厘米,香味浓郁,风味口感佳。

(8) 古拉巴 日本八江农园株式会社培育的厚皮甜瓜一代杂交种。早中熟,果实发育期 43 天。果实圆球形,单果重 1.2 千克。果皮白绿色,有透明感,果肉绿色,果肉厚。

(9) 郑甜 1 号 中国农业科学院郑州果树研究所培育的厚皮甜瓜一代杂种。早熟,雌花开放至成熟 35 天,全生育期 95 天。植株长势强,坐果率高,子蔓和孙蔓均可结果。果实圆球形,单瓜重 0.8～1.2 千克,果皮金黄色,果皮较韧,果肉白色,果肉厚 2.5～3 厘米,肉质细腻,多汁,味香甜。

(10) 中甜 2 号 中国农业科学院郑州果树研究所培育的厚皮甜瓜一代杂种。早熟,全生育期 110 天。果实椭圆形,果皮金黄色,果肉浅红色,肉厚 3～3.5 厘米,肉质松脆爽口,杳味浓郁,单果重 1.5 千克,耐贮运性好,抗病性强,坐果整齐一致,充分成熟时采收风味较佳。

(11) 中甜 3 号 中国农业科学院郑州果树研究所培育的厚皮甜瓜一代杂种。早熟,全生育期 95～100 天。果实高圆形,果皮金黄色,果肉浅绿至白色,肉厚 4～5 厘米,肉质松软爽口,香味浓郁,单果重 2 千克左右,耐贮运性好,抗病性强,坐果整齐一致。

(12) 香雪 中国农业科学院郑州果树研究所培育的厚皮甜瓜一代杂种。中早熟,全生育期 95～100 天。果实椭圆形,果皮白色,未成熟时有不明显暗纵绿条纹,果肉浅红色,肉厚 4～4.5 厘米,肉质脆,口味清香,含糖量 12%～14%,单果重 2～2.5 千克。

(13) 京玉 2 号 北京市农林科学院蔬菜研究中心育成。早熟，生长势中等，果实圆形，果皮乳白色，有透明感，果肉橙红色，肉质松脆爽口，风味好。成熟时不脱蒂，单果重 1.2～2.0 千克。耐低温、弱光，耐白粉病。

(14) 丰甜 2 号 合肥丰乐种子公司育成的厚皮甜瓜一代杂种。早熟，全生育期 90 天，果实发育期 30～35 天，以孙蔓结果为主。果实圆球形，单果重 1 千克，果皮金黄色，果肉白色至浅绿色，肉厚 3 厘米，肉质细嫩，香味浓。

(15) 丰田 5 号 合肥丰乐种子公司育成的厚皮甜瓜一代杂种。中早熟，全生育 95 天，果实发育期 35 天。植株长势稳健，易坐果。果实高圆球形，单果重 1.5 千克，大果可达 3 千克。果皮白色，果肉绿色，肉厚 4 厘米，肉质细脆，汁多味甜，香味纯正。果皮韧，耐贮运。

(16) 苏甜一号 江苏省农业科学院蔬菜研究所培育的厚皮甜瓜一代杂交种。早熟，雌花开放至成熟 35 天左右，全生育期 90～95 天。植株长势稳健，耐湿性强，耐低温弱光，易坐果，较抗白粉病和蔓割病。果实圆球形，果皮乳白色，果肉雪白，肉厚 3.0～3.5 厘米，单瓜重 1～1.5 千克，肉质细软，香味浓郁，口感风味佳。

(17) 苏甜二号 江苏省农业科学院蔬菜研究所培育的厚皮甜瓜一代杂交种。早熟，雌花开放至成熟 35～38 天，全生育期 90～95 天。植株长势稳健，耐湿性强，耐低温弱光，易坐果。果实短椭圆形，果皮白色，果肉浅绿色，肉厚 3.0～3.5 厘米，单瓜重 1.3～1.8 千克，肉质细软，香味浓郁，口感风味佳。较抗白粉病和蔓割病。

(18) 维多利亚 江苏省农业科学院蔬菜研究所培育的优质早熟厚皮甜瓜一代杂种。早熟，植株长势中等，耐湿性强，对蔓枯病具有中等抗性，耐弱光，易坐瓜，开花至成熟 35 天。果实圆球形，单瓜重 0.5～0.8 千克。果皮金黄色，外观美丽，不易裂果,果肉乳白色,肉厚 2.5~3.0 厘米,最高可达 19.0%,香味浓郁,风味佳,耐贮运。

2. 网纹类型

(1) 翠蜜 台湾农友种苗股份有限公司培育的一代杂交种。中晚熟,生育期 100 天,从开花至成熟 50 天左右。植株长势旺盛,分枝适中,茎蔓中等粗细,叶中等大小。果实高球形或微长球形,果皮灰绿色,网纹细密,单果重 1.5 千克左右,果肉翡翠绿色。肉质细嫩柔软,品质佳,果实成熟后不易脱蒂,果硬,耐贮运。

(2) 真株 200 日本八江农园株式会社育成。低温坐果稳定,具有在高温下生长的特点,耐白粉病。网纹粗密,果实高球形,果肉黄绿色,多汁。单果重 1.5~1.6 千克。结果后 55~60 天采收,耐贮运。

(3) 中密 1 号 中国农业科学院蔬菜花卉研究所育成。中熟,抗性强,果实圆形或高圆形,浅青绿皮,网纹细密均匀,单果重 0.8 千克。果肉绿色,质脆清香,含糖量高。

(4) 网络时代 中国农业科学院郑州果实研究所育成。中熟,全生育期 110 天左右。果实圆球形,果皮墨绿色至灰绿色覆绿白色网纹,果肉绿色,肉厚 4 厘米,肉质松脆。单果重 1.5 千克以上。

(5) 绿宝石 新疆农业科学院园艺研究所育成。中熟,果实发育期 45 天。果形、坐果节位、成熟期较一致,丰产性、抗病性和商品性均好。果实高圆形,灰绿底,密布突出的网纹,果肉厚,心腔小,肉色白绿,质地细软可口,有高雅的清香味。单果重 1.5~2.0 千克。

(6) 珍珠 江苏省农业科学院蔬菜研究育成。中晚熟,生育期 100 天,从开花至成熟 50~55 天,植株根系发达,长势旺盛,抗白粉病,较抗蔓枯病。果实高球形,果皮白绿色,网纹中等粗密,单果重 1.5 千克左右,果肉白绿色。肉质细嫩,柔软,品质佳，果实成熟后不易脱蒂。

3. 哈密瓜类型

（1）雪里红　新疆农业科学院园艺研究所育成。生育期 90 天，果实发育期 40～45 天，早中熟。植株长势中等，较耐湿耐低温，易坐果，果皮白色，偶有稀疏网纹，成熟时白里透红，果肉浅红，肉质细嫩，松脆爽口，单瓜重 1.5～2.5 千克。折光糖 15%左右。栽培中注意预防蔓枯病。

（2）98-18　新疆农业科学院园艺研究所育成。生育期 90 天，果实发育期 40 天，早中熟。植株长势中等，较耐湿耐低温，易坐果，果皮黄色，稀网纹，果肉浅红，肉质细嫩，松脆爽口，单瓜重 1.3～2.0 千克。较抗蔓枯病。

（3）仙果　新疆农业科学院园艺研究所育成。早熟，果实发育期 40 天。中抗病毒病、白粉病和蔓枯病。果实长卵圆形，单果重 1.5～2.0 千克，果皮黄绿色，覆黑花断条，果肉白色，果肉厚 3～4 厘米，肉质细脆爽口，略带果酸味，风味特佳。

（4）新世纪　台湾农友种苗股份有限公司培育的厚皮甜瓜一代杂交种。中熟，从播种到果实成熟全生育期春作 100 天、秋作 80 天，果实发育期春作 45 天、秋作 37 天。生长势强，结果力强。果实橄榄形或椭圆形，成熟时果皮浅黄绿色，间有稀疏网纹，单瓜重 1.5～2.0 千克，最大瓜重 3.0 千克。果肉厚，淡橙色，肉质脆嫩细腻。风味上佳。果硬，果梗不易脱落，品质不易变劣，耐贮运。

（二）薄皮甜瓜品种

薄皮甜瓜按果实外部特征可分为 4 种类型。

1. 黄金瓜类型

皮色黄或金黄，果实长筒形、椭圆形、卵形和短圆形。

（1）黄金瓜　早熟，全生育期约 75 天。果实高圆筒形，脐部略宽。单瓜重 0.4～0.5 千克。皮色金黄鲜艳，表面平滑，外观美，脐小，皮薄。果肉白色，肉厚 1.5～1.8 厘米，质脆、爽口。风味好，品质中上等。本品种耐湿、耐热，是江、浙、沪一带传统的早熟品种。

（2）黄十条筋（十棱黄金瓜）　江浙地方品种。早熟，生育期 70～75 天。果实小，短椭圆形。金黄色，果面有 10 条白色棱沟，脐小而平，皮薄。单瓜重 0.2～0.3 千克。果肉白色，肉厚 1.5 厘米。质脆可口，有香味，品质尚佳。不耐贮运，易裂果。

（3）黄金 9 号　从日本米可多公司引进。早熟，金黄色，色泽艳丽，果面光滑，外观美，长圆筒形。耐湿，且抗白粉病。单瓜重 0.3～0.5 千克。果肉乳白色，肉厚 1.6～1.8 厘米。采收若不及时，会出现少量裂果。

（4）金辉　台湾农友种苗股份有限公司配制的薄皮甜瓜一代杂种。特早熟。皮色金黄艳丽，色泽均匀，果皮光滑，不易发生污点。果实椭圆形，单瓜重 0.4～0.5 千克。果肉白色，肉厚 2 厘米，质脆、爽口，成熟时有芳香。耐湿、耐热，结果力强，产量较高。

（5）中甜一号　中国农业科学院郑州果树研究所育成。早熟，全生育期 85～88 天。子蔓、孙蔓均可结果，抗病性强，适应性广。果树长椭圆形，果皮黄色，有 10 条银白色纵沟。果肉白色，肉厚 2.5～3 厘米，肉质细脆爽口，单果重 0.8～1.2 千克。

（6）丰甜一号　合肥丰乐种业公司育成。极早熟，生育期 80 天，果树发育期 28 天。植株长势中等，子蔓、孙蔓均可坐果，以孙蔓结果为主。果实椭圆形，单果重 1 千克左右。成熟时果皮金黄色，有 10 条银白色纵沟，外形美观。果肉白色，肉厚 3 厘米，肉质致密，脆甜爽口，风味清香纯正。

（7）黄金蜜翠　江苏省农业科学院蔬菜研究所选育的薄皮甜瓜一代杂种。早熟种，全生育期 75 天，雌花开放后 28 天成熟。果实长圆筒形，平均单瓜重 0.4～0.5 千克。成熟时果皮金黄光滑，无条带。果肉雪白脆嫩，肉厚 2.0 厘米，气味芳香，风味佳。果实耐贮运。采收适期以果皮由淡黄转成金黄色并散发香气为宜。

2. 雪梨瓜类型

果皮乳白或绿白色，成熟时蒂部转为黄白色，果形扁圆或微扁圆形。

（1）梨瓜　中熟，生育期约 90 天。果实扁圆或圆形，单瓜重 0.4～0.6 千克。果面平滑，近脐处有浅纵沟，脐大，平或稍凹。幼果果皮淡绿色，成熟过程逐渐变为乳白色，充分成熟时绿白色或黄白色。果肉白色，肉厚 2.0～2.5 厘米，质略脆，味甜汁多，成熟时脐部有芳香，熟透则质地松软，品质中上等。长江中下游各地均有梨瓜，比较著名的有江西上饶梨瓜、临川梨瓜、浙江平湖白梨瓜和江苏白蜜瓜等。

（2）苹果瓜　中熟，生育期 85～90 天。果实微扁形或圆形，顶部比梨瓜宽，果脐大、平，成熟时果皮乳白色。果形圆整，外观好。果肉白色，肉厚 2 厘米左右，质脆，汁多。折光糖含量 11％ 左右。

（3）广州蜜瓜　广州市农业科学研究所选育。中早熟，生育期约 85 天。果实扁圆形，果实略小，单瓜重 0.4 千克左右。果皮白底现淡黄色，脐小。果肉绿白色，肉厚 2 厘米。肉质脆沙适中，成熟时散发香味，可口、味甜。耐湿，耐热，较抗枯萎病，不抗霜霉病和炭疽病。

（4）蜜糖罐　原产华南。耐湿，耐热，且抗霜霉病，有较强耐病毒能力。中熟，果实扁圆形。果皮乳白或白色，脐中等大小。果肉乳白色，肉厚 2 厘米，质地脆，汁多，味淡。

（5）白兔娃　中熟种，生育期约 90 天，果实发育期 33～35 天。长圆筒形，蒂部稍小，果皮白色或微带黄绿色，果面较光滑，单果重 0.4～0.8 千克，果肉白色，肉厚 2 厘米，质脆，过熟则变软，果柄自然脱落。品质中上，种子白色。

（6）银辉　台湾农友种苗股份有限公司培育。早熟，长势强，结果性好，优质稳产。果实近扁圆形，成熟时果皮乳白色，有光泽，稍带淡黄绿色。果面光滑，外观好。成熟时果蒂不易脱落，亦不裂果。果肉淡白绿色，肉厚1.8～2.2厘米，果重0.4千克，整齐度高，肉质细嫩爽口。

（7）中蜜201　中国农业科学院蔬菜花卉研究所育成。果皮白色，梨形，果肉白色，脆甜，单果重0.4千克。孙蔓结瓜，早熟，抗性强。

（8）京玉352　国家蔬菜工程技术研究中心育成。果实短卵圆形，白皮白肉，单果重0.2～0.6千克，肉质嫩脆爽口，风味香甜。

（9）龙甜1号　黑龙江省农业科学院园艺研究所育成。早熟，全生育期70～80天。果实近圆形，幼果果面绿色，成熟时黄白色，果面光滑有光泽，有10条纵沟，平均单果重0.5千克。果肉黄白色，肉厚2～2.5厘米，质地细脆，味香甜，品质上等。

（10）齐甜1号　黑龙江省齐齐哈尔市蔬菜研究所育成。早熟，全生育期75～85天。果实长梨形，幼果绿色，成熟时绿白色或黄白色，果面有浅沟，果柄不脱落。果肉绿白色，瓤浅粉色，肉厚1.9厘米，质地脆甜，香浓适口。单果重0.3～0.4千克。

3. 青皮绿肉类型

果皮灰绿、绿、墨绿色，果形有长筒形、牛角形、梨形等，果肉绿色、浅绿色。

（1）牛角酥　中熟。植株强健，叶色深。果实形状似牛角，蒂部细尖，脐部稍宽。果皮灰绿色，果实两端皮色浓绿。脐平。单瓜重0.5千克 左右。果肉绿色，从果皮至果瓤肉色渐淡。果肉厚1.8厘米，质略脆，成熟时酥软，味稍淡。

（2）海冬青　中晚熟，生育期90多天。果实长卵形或长筒形，单瓜重0.5～0.6千克。果皮灰绿近绿色，果面有不规则浅色晕斑。近脐部有 10 条深绿细条纹。果肉绿色，肉厚 1.8～2厘米，质脆，味较甜，品质优良。

（3）杭州绿皮　中早熟。果实圆球形或高圆形，灰绿色，具光泽，果面有不规则晕斑，皮薄易碰伤。单瓜重 0.4 千克左右。果肉绿色，质脆，味甜，水多，肉厚 1.6～1.8 厘米，品质中上等。易裂果，不耐贮运。

（4）盛开花　山西地方品种。早熟、高产、生长势旺，易坐果。坐果 23 天左右即成熟。果皮浅绿色，果肉黄绿色，酥甜适口。单果重 0.8～1 千克。

（5）日本甜宝　从日本引进的品种。早熟，果实发育期30～32 天，全生育期 80～85 天。单果重 0.4～0.5 千克。果实近圆形，果皮淡绿色，果肉淡绿色，品质优，脆甜可口。易坐果，果实整齐度好，生长势旺盛，产量高，耐高温、高湿、抗病性、适应性强。

4. 花皮类型

果皮有两种以上的颜色，果形多为高圆形或梨形。

（1）芝麻酥　中熟。果实长圆筒形，顶部稍细。果皮底色黄，上有绿条状斑纹。单瓜重 0.5～0.8 千克。脐小且平。绿肉，质细味甜有芳香。种子特别细小。质地酥绵，容易倒瓤，不耐贮。

（2）太阳红　中熟。果实长卵形或梨形，有的横径较宽似短筒形。幼果暗绿色，成熟时橙红或暗红，自蒂部向下有放射状暗绿色斑状。果脐大、突出，果面有沟纹。果肉淡红或橙红色，肉厚 1.6～1.8 厘米，质地松酥，不耐贮运，味淡。

（3）龙甜 2 号　黑龙江省农业科学院园艺研究所育成。中晚熟，全生育期 85～90 天。抗逆性强，抗白粉病。果实长筒形，单果重 0.8～1.0 千克，大者可达 2 千克，成熟时果面由绿变黄色，覆绿条块，有淡黄色较宽浅纵沟，果面平滑。果肉白色，肉厚 2.5 厘米，肉质沙面，清香，口感好，品质上等。皮较韧，不易破裂，较耐贮运。

第三章

西瓜甜瓜设施栽培技术

一、设施栽培育苗技术

利用大棚、小棚或日光温室进行西瓜、甜瓜早熟或秋延后设施栽培时，苗期正处于早春低温或夏季高温之际，自然环境条件不利于西瓜、甜瓜出苗和幼苗生长，育苗难度较大，在一定时间之内培育出适栽壮苗是进行设施栽培的前提条件，因此育苗是西瓜、甜瓜设施栽培的关键技术环节之一。根据育苗季节的不同，西瓜、甜瓜育苗可分为冬春季育苗、夏季育苗等；根据育苗方式的不同，西瓜、甜瓜育苗可分为营养钵育苗、穴盘育苗和嫁接育苗等。

（一）冬春季育苗

1. 苗床设置

苗床需设置在避风向阳的温室或大棚内，温室增温保温效果优于大棚，更适于西瓜、甜瓜冬春季育苗。除了利用温室、大棚的增温效果以外，还要根据播种期早晚，决定苗床是否需要增加其他增温设施。一般3月份播种时，温室、大棚的增温效果可以达到育苗要求，若在1～2月份播种则需要增加增温设施，如火坑、酿热温床、电热温床或暖风炉等。目前生产上应用较普遍的增温方式是电热温床。

电热温床是在苗床营养土或营养钵下面铺设电热线，通过电热线散热来提高苗床内的土壤和空气温度，冬春季采用该方式育苗时苗床温度易于控制，操作管理方便，育苗效果很好。苗床建造时先挖掘宽1.2～1.5米、深20厘米、长度视育苗规模而定的床穴，底部要平整。地下水位高的地区可先铺一层薄膜，防止地下水位上升影响土温，其上铺 10～12 厘米的木屑、砻糠或干草灰作为隔热层。上面再铺 3～4 厘米厚的细土，踏实，然后排布电热线。每根电热线有额定的功率，一般为 800 瓦或 1 000瓦。每平方米苗床需用多大的功率，取决于当地的气候条件及育苗季节，冬春季育苗时北方一般需 80～120 瓦，南方需 50～70 瓦。布线间距根据每平方米所需功率和电热线的规格来决定，间距一般为 10～15 厘米。为克服苗床四周温度较低的不足，边行间距可适当缩小，中间适当放宽，而全床平均间距不变。由于电热线有一定的规格，使用时应先详细阅读说明书并遵守说明书的有关安全要求，布线时不得重叠交叉、结扎，以免通电后短路，电热线不能剪断或串联，特别要注意接头处，保证绝缘。电热线排布好后应通电检测是否能正常加温。检测合格后再在电热线上铺一层 1～1.5 厘米的细土。电热线需与自动控温仪配合使用，这样才能在育苗过程中精确控制苗床温度并节约电源。

2. 营养土配制

采用营养钵育苗时需提前 1～2 个月配制营养土。营养土一般由未种过瓜类作物的大田土或园土与腐熟厩肥按一定比例混合配制而成。因各地土质和肥料来源不同，营养土具体配制方法有较大差异，但对营养土的总体要求相对一致，即要求含有适量的营养成分，具有良好的保肥、保水、通气性，无病菌、虫卵和杂草种子。大田土或园土需在入冬前挖取并经冬季冻晒风化；所用厩肥应在夏季准备并经高温堆制发酵、充分腐熟。一般大田土或园土与厩肥的比例为 3∶1，每立方米土加过磷酸钙 1 千克，充分混合、捣碎、过筛。为了预防病害，每立方米营养土中可加入75％甲基托布津粉剂 80 克或 50％多菌灵粉剂 100 克。配制的营养土需要合适的松紧度，若土质黏重，育苗过程中则容易板结，升温慢，影响幼苗根系生长，可适当增加厩肥或草木灰进行调节；若土质过于疏松，则需增加黏土调节，否则营养土保水性差,移栽时容易散坨,损伤根系,定植后不易活棵。西瓜、甜瓜育苗一般采用高 10 厘米、直径 8 厘米的塑料营养钵,也可以自制相应规格的纸钵。装土时装满营养钵 3/4 即可,要求营养钵之间装土量相当,这样才能保证播种深度、覆土厚度相对一致,出苗时间相对一致。将装好的营养钵从苗床一端开始整齐地平放在苗床上,排放时钵与钵之间要相互挤紧,有利于苗床保温和浇水管理。

3. 种子处理与播种

播种期一般根据定植期而定,以定植期向前推 30～35 天。播种前需进行种子处理。种子处理包括种子消毒和浸种催芽,目的是预防病害、促进种子发芽。目前有一些西瓜、甜瓜品种的种子进行了包衣剂处理,这些种子在播种前无需再进行种子处理。

种子消毒常采用温汤浸种或药剂处理的方法。温汤浸种是以 2 份开水兑 1 份凉水,水温 54℃ 浸种 30 分钟,边浸边搅拌,自然冷却后再浸种 2 小时。常用的药剂消毒方法是用福尔马林 100 倍液浸种 30 分钟(事前浸种 2 小时),也可用 50％多菌灵可湿性粉剂 500 倍液浸种 1 小时,能预防炭疽病、枯萎病发生,用 10％磷酸钠浸泡 20 分钟,可减轻西瓜绿斑花叶病毒发生。

浸种可以软化种皮,加速发芽。浸种时间长短与种皮厚度、浸种的水温有关,一般种皮厚的大粒种子时间可以长些,种皮较薄的小粒种子时间可短些。温水浸种时间可短,凉水浸种时间可长些。一般浸种 2 小时基本上可满足种子发芽的需要。浸种时间过长、水温过高,种子养分损失,反而影响发芽。

浸种后将种子清洗、沥干水后催芽。用透气的纱布或粗布将浸湿的种子包裹,置 30℃ 左右温度下。可利用温室火道、电热毯、热水瓶、电灯泡等热源加温,但必须预先测定和控制适宜的温度。温度过高,常引起裂壳、种子开口、胚根不伸长、种胚腐烂;温度过低,则发芽缓慢。因此,用恒温箱催芽比较有把握。在催芽过程中,纱布及种子湿度不宜过高,否则通气性差,容易发生真菌，引起烂籽。必要时，以温水淋洗后继续催芽。当胚根长 3～4 毫米即达到播种要求。

播种前将营养钵浇透水，待水下渗后即可播种，每钵播 1粒，将种子平放，芽尖向下，覆盖约 1 厘米厚干细土。播后，床面铺一层地膜，苗床上搭建小拱棚，覆盖薄膜，夜间覆盖草毡或无纺布保温。

4. 苗床管理

（1）温度管理　播种至瓜芽出土，需较高的温度以加速出苗，因此苗床应严密覆盖，白天充分增加光照以提高床温，夜间加温并加盖草帘保温，将床温控制在 28～30℃。出苗时应及时撤除床面上的地膜，防止撤膜不及时引起窜苗。出苗到长出第一片叶是瓜苗下胚轴生长最快的时期，应加强苗床通风，适当降温，以控制瓜苗徒长。白天温度 20～25℃，夜间温度 15～18℃。若此时床温过高，则下胚轴徒长。真叶开展以后，下胚轴比较老健，不易徒长，温度可适当提高，白天维持在 25～28℃，夜间 18～20℃。定植前 1 周左右应逐步降低床温，对幼苗进行揭膜锻炼，以适应大田气候条件。

通风要逐步增加，首先揭两端的薄膜，然后在侧面开通风口，通风口应背风，以免冷风直接吹入损伤幼苗，午后及时覆膜保温。晴天要密切注意床温，避免高温伤苗。苗床温度管理是早春西瓜育苗中十分重要的环节，若通风偏少，床温过高，易导致幼苗生长细弱、适应性差，若片面强调降温锻炼，过早揭膜，又易造成瓜苗生长缓慢，严重时形成僵苗。正确的方法是按以上温度要求，根据幼苗生育状态分段管理，在一定的天数内育成一定大小的幼苗，如 30～35 天育成 3 片真叶的大苗，才符合要求。

（2）光照管理　西瓜、甜瓜喜光，在塑料薄膜覆盖下，光线透过率为 70%。如床内温度高、水汽多，则透光率更低。因此，在管理上要尽量争取较多的光照，如采用新膜覆盖、保持薄膜清洁，以提高光线透过率；在床温许可的范围内，早揭晚盖，延长见光时间；适当通风降低床内湿度，以提高透光率。晴天可揭除棚膜或大通风，即使阴雨天也应在苗床两头或侧面开通风口，达到通风和增加光照的目的。

（3）水肥管理　苗床的水分要严格控制。由于播种前充分浇水，播种后严密覆盖，水分蒸发少，基本上可满足种子出苗对水分的要求。出苗后，幼苗生长逐渐加快，需水量增加，而且电热温床上水分蒸发量大，床土容易失水干燥，因此需视床土水分情况及时补水。通常在晴天午间浇水，要控制浇水量，浇后待床面水汽散失后覆膜，以免床内湿度过高。也不宜轻易浇水，因为浇水降低床温，增加苗床湿度，容易发生病害。定植前5～6天应停止浇水以控制幼苗生长。

西瓜、甜瓜苗期短，营养土中的养分能够满足幼苗生长需要，一般在苗期不必追肥。如发现缺肥症状，可结合浇水少量追肥，一般用0.1％～0.2％尿素水浇苗，或用0.2％～0.3％磷酸二氢钾叶面喷施。

（4）病害防治　主要防治猝倒病、炭疽病等。其防治方法以种子、土壤消毒，控制苗床温、湿度，提高幼苗素质等综合措施为主，发病后可采用50％甲基托布津可湿性粉剂600～800倍液、75％百菌清可湿性粉剂800～1 000倍液喷洒1～2次。

（二）夏季育苗

夏季育苗时气温往往超过西瓜、甜瓜生长的适宜温度，加之雨水多、湿度大，易导致幼苗徒长，并且病虫害较易发生，因此夏季育苗工作的重点是防高温、防雨涝、防治病虫害。

1. 苗床设置

夏季气温高，加之又是保护地育苗，苗床温度更高，因此宜选择在地势较高、通风性好的地块育苗。为了防雨，苗床一般设在大棚内，采用高畦或半高畦，苗床宽度1～1.2米，长度随场地或育苗量而定，但一般不宜长于15米。畦与畦之间以畦间沟相隔，沟宽40～50厘米，兼具排水降湿功能。

2. 种子处理与播种

夏季育苗种子处理与冬春季育苗时类似，但要注意催芽时间。夏季环境温度高，适合西瓜、甜瓜发芽，不需要再用加温催芽设施；而且种子发芽快，催芽时间短，要注意观察发芽进度，防止催芽过度、胚根过长，影响播种。夏季水分蒸发快，在播种前苗床和营养钵需浇透水，否则在幼苗破心出真叶前苗床就容易落干，影响出苗。播种后床面不能覆盖地膜，为了保湿可覆盖旧报纸或无纺布。

3. 苗期管理

（1）加强通风，防止幼苗徒长　在保证防雨的前提下，苗床周围的通风口要尽量开到最大，薄膜一般只覆盖大棚的拱顶。

（2）及时浇水喷淋，降温增湿　夏季苗床很容易落干，应及时浇水，浇水时不要漫灌，水应在营养钵下流淌，不要浸到幼苗。干热时可在中午前后往苗床四周及棚膜上喷淋清水，也可往苗床上喷少许清水，但要注意水流不能太急，以免伤及幼苗。

（3）适当遮阴　夏季中午高温、强光易导致幼苗萎蔫，苗床需利用遮阳网遮阴，但遮阴不可过度，否则易导致徒长。育苗后期，在幼苗逐渐老健时要减少遮阴，直至不遮阴。苗床遮阴不可过度，一般只在晴天中午进行。

（4）及时防治病虫害　夏季育苗时外界虫源较多，易发生蚜虫、白粉虱为害。育苗前在大棚的通风带安装 30 目防虫网，能起到很好的防虫效果。在苗床上方悬挂黄色诱虫板，可诱杀蚜虫和白粉虱。发生蚜虫、白粉虱时，可用 40％扑虱灵可湿性粉剂 800～1 000 倍液或 10％吡虫啉可湿性粉剂 1 000 倍液、2.5％功夫乳油 2 000～3 000 倍液喷雾防治。夏季育苗时，遇连日阴雨或浇水不当，苗床湿度过大时易发生炭疽病。可使用 75％百菌清可湿性粉剂 600～800 倍液或 64％杀毒矾可湿性粉剂 800 倍液喷雾防治。

（三）穴盘育苗

穴盘育苗改善了育苗环境，缩短了育苗期，提高了成苗率和瓜苗素质，移栽后发根好，易成活，且便于集中育苗、长途运输，因此发展较快，尤其是在工厂化育苗中应用较普遍。

1. 材料准备

西瓜、甜瓜育苗一般选用50孔或60孔塑料穴盘。穴盘孔径太大会浪费空间和基质，孔径太小则不利于培育大苗、壮苗。育苗基质一般选用由专业公司生产的商品育苗基质，其具有较好的理化性质，采购后可直接使用。育苗规模较大时，为了节约成本，也可自己配制育苗基质。原材料选择一般因地制宜，主要包括珍珠岩、蛭石、草炭、炉灰渣、沙子、炭化稻壳、炭化玉米芯、发酵锯末、甘蔗渣和栽培食用菌的废料等。这些材料可以单独使用，也可以几种混合使用。草炭系复合基质的比例：草炭 30％～50％，蛭石 20％～30％，炉灰渣 20％～50％，珍珠岩 20％左右；非草炭系复合基质的比例：棉籽壳 40％～80％，蛭石 20％～30％，糖醛渣 10％～20％，炉灰渣 20％，猪粪 10％。生产中多采用更简单的配制方法，如草炭、蛭石（V/V）以 2：1 的比例混配。为了充分满足幼苗生长发育对营养的需要，在基质中适当加入 15：15：15 复合肥 1～1.5 千克/米^3。为了防止苗期病害，每立方米基质中加入 80％多·福·锌可湿性粉剂 5 克或 30％恶霉灵水剂 100 克。基质中加入肥药后一定要充分混合均匀。

2. 苗床准备

穴盘育苗苗床可设于大棚或温室内，苗床的制作方法与一般育苗方式相似。冬春季采用电热穴盘育苗时需设计好苗床畦宽，使穴盘排放后正好覆盖电热线所铺设的面积。大型育苗温室中一般使用移动苗床，以节约空间，提高温室利用率。

3. 播种

播种包括基质装盘、摆种、覆基质等环节。基质装盘前，先对基质喷少量水拌匀，调节基质含水量至 50％～60％，使其膨松后装入穴盘，刮去盘面上多余的基质，然后均匀浇足底水，使基质自然下沉，并在穴盘孔的正中央打一个 1 厘米左右深的孔，留作摆种。

种子播种前需进行处理和催芽，其技术与一般育苗相同。当胚根长 3～4 毫米时即可播种。每个穴盘孔摆一粒种子，种子平放。播种深度以 1～1.3 厘米为宜，播种过深则出苗迟，影响苗质；播种过浅，则易导致种子"戴帽"出土，增加"脱帽"等作业。种子摆好后用半干的基质覆盖，并刮平，然后覆上地膜，以利保温保湿。

4. 苗床管理

（1）温湿度管理　播种至齐苗前，白天棚温控制在 28～30℃，夜间小棚上加盖草帘并以电热线增温，保持温度 18～20℃，增温出苗。播种后 2～3 天要及时查看苗情，当种子有一半左右出土时，及时揭去地膜，使小苗及时见光。揭膜过迟容易形成高脚苗。见有子叶"戴帽"出土，要及时人工"脱帽"。齐苗后到第一片真叶出现，适当通风，降低床温，白天温度控制在22～25℃，夜间盖上草帘，保持 15℃左右，防止高温、高湿引起高脚苗。出苗后，晴好天气时原则上不需通电加温。连续阴雨天气时，则需通电加温，保证床温最低温度不低于 15℃。晴天通风一定要及时，晚上注意加盖覆盖物保温。定植前 4～5 天降温炼苗，白天控制在 18～22℃，夜间保持在 13～15℃。在保证温度的前提下，应尽量加大通风量和通风时间，降低棚内湿度，浇水应在晴好天气中午进行，浇后及时通风降湿。

（2）光照管理　瓜苗出土后要及时让其充分见光，整个苗期要尽可能早揭晚盖，让瓜苗多见光，使其生长健壮。连续阴雨天气在雨停期间也要及时揭去草帘让瓜苗见散射光。

（3）肥水管理　播种后保持基质湿润是苗齐苗壮的关键。穴盘摆放时要尽量保持水平，保证穴盘基质水分均匀，不积水。如时间过长仍未出苗，要及时查看并补充水分。出苗后要根据基质含水量情况及时浇水，当基质表面呈干燥疏松状态时及时浇水，遇阴雨天可适当减少浇水次数。出苗 2 周以后，视苗情适当喷施叶面肥，同时要适当控制水分，促进瓜苗老健，以便于移栽。

5. 穴盘苗运输

穴盘苗长距离运输时，需使用专用穴盘苗运输箱装箱运输，防止途中颠簸，伤害幼苗根系，影响定植后成活。穴盘基质苗根系发达，可盘结成紧实的根坨，起苗时可连同基质一同取出。为了便于起苗，在起苗前一天可适量浇水。

（四）嫁接育苗

将植物器官（芽、枝或根系）接到另一植物的适当部位，使两者愈合成为一个独立新株的过程称为嫁接。嫁接时位于上部被嫁接且不具有根系的植物器官称为接穗，嫁接时位于下部承受接穗且具有根系的植物称为砧木。采用嫁接技术培育的苗称为嫁接苗。

西瓜、甜瓜忌重茬，轮作年限长。随着规模化设施栽培的发展，西瓜、甜瓜设施栽培轮作困难，连作障碍时有发生，尤其是枯萎病等土传病害为害尤为严重，极大地影响了西瓜、甜瓜的产量和种植效益。利用葫芦、南瓜等作砧木进行嫁接栽培是防治连作障碍最有效的办法，且能够减少农药的使用量，有利于保障产品的安全性。嫁接除了增强西瓜、甜瓜的抗病力外，同时还具有其他诸多优点。砧木的耐低温能力强，在 $15\sim18℃$ 的低温下仍能正常生长，这对克服早春西瓜、甜瓜因温度过低生长缓慢的现象非常有利。砧木根系较西瓜、甜瓜根系强大，能充分利用不同层次土壤中的养分，吸收能力强，且根在较低温度下能够生长，嫁接成活后，苗的生长速度比自根苗的西瓜、甜瓜要快，且子叶肥大，地上部分生长旺盛。因此，西瓜、甜瓜嫁接后可在较瘠薄的土壤里栽培。栽培过程中，还可以适当减少施肥量。由于嫁接西瓜、甜瓜生长健壮，有效防止了枯萎病发生，产量增长可达

20％～30％。基于以上优点，嫁接技术在西瓜、甜瓜设施栽培中，尤其是在西瓜设施栽培中广泛应用。

1. 砧木的选择

不同的砧木品种嫁接效果不同，对种植效益影响显著，因此砧木品种选择是否恰当对嫁接栽培的成败起着至关重要的作用。选择砧木品种时主要考虑以下几个方面的因素：一是砧木的抗病能力要强，尤其是对枯萎病要具有较强的抗病性；二是砧木与接穗要具有较强的亲和力，嫁接后易成活，共生期间植株生长正常，无黄化、缩叶、凋萎等现象；三是砧木对西瓜、甜瓜果实品质影响小，嫁接后不产生严重影响果实商品性的不良性状。在符合以上几点基本要求的前提下，优良的砧木品种还应具有较好的增产效果，对低温、高温的适应性强，并且嫁接技术简单易操作。

西瓜、甜瓜嫁接所用的砧木主要有葫芦、南瓜和西瓜甜瓜共砧等。一般认为葫芦嫁接西瓜后的亲和性较高，品种间差异不明显，有稳定的亲和力。南瓜与西瓜的亲和性较差，品种间表现差异很大，因此应筛选亲和力强的品种。葫芦砧木对西瓜果实的品质无明显不良影响，而南瓜砧木嫁接西瓜的果实瓤质较硬，在中心部位易出现黄块，间有异味。但南瓜砧木抗病能力强于葫芦砧木，南瓜砧木嫁接的西瓜生长势较葫芦嫁接的强，在生长盛期很少发生生理性凋萎，而葫芦砧木嫁接的西瓜有时会发生生理性凋萎。砧木和接穗之间还存在互作关系，同样的砧木对不同的接穗品种效果也不尽一致，因此在生产中采取新的砧木、接穗组合时最好先进行小面积试验，证明具有较好的效果后再大面积应用。

目前适用于西瓜、甜瓜嫁接的主要砧木品种有：

（1）瓠瓜　又称瓠子、扁蒲，各地均有栽培，茎蔓生长旺盛，根系发达，吸肥力强，与西瓜亲和力好。植株生长强健，无发育不良株；抗枯萎病，根部耐湿性和耐低温性比西瓜强；坐果稳定，对果实品质影响不明显。是当前西瓜最常用的砧木种类。

（2）超丰 F_1　由中国农业科学院郑州果树研究所育成的西瓜砧木杂交种。下胚轴粗短，不易伸长，便于嫁接操作，成活率高，共生亲和力强，抗枯萎病，叶部病害明显减轻，耐低温，促进早熟，耐高温，耐湿，耐旱，耐瘠薄，有明显的增产效果，对西瓜果实品质无明显影响。种子灰白色，种皮光滑，籽粒较大。千粒重约 125 克。

（3）华砧 1 号　由合肥华夏西瓜甜瓜育种家联谊会科学研究所培育，俗称瓠子。是中、大果型西瓜嫁接砧木优良品种。植株长势强盛，根系发达，吸肥力强，嫁接成活率高，共生亲和性好，操作容易。坐果性好，果形大，有明显的增产效果，对西瓜品质无不良影响。耐低温，耐湿，适应性强。种子千粒重 120 克左右。

（4）华砧 2 号　由合肥华夏西瓜甜瓜育种家联谊会科学研究所培育的葫芦砧木，是小型西瓜砧木的优良品种。果实圆梨形，植株长势强健，根系发达，下胚轴粗短，嫁接操作方便。共生亲和力强，西瓜嫁接植株生长强健，坐果稳，具有明显的增产效果，对西瓜品质无不良影响。耐低温，可促进早熟，且耐湿、耐瘠。种子千粒重约 120 克。

（5）新土佐　由日本引进，是印度南瓜与中国南瓜的杂交种。种子淡黄褐色。生长强健，分枝性强，吸肥力强，耐热，在高温下易患病毒病。与西瓜亲和力强，很少发生因嫁接而引起的急性凋萎，较耐低温，能提早成熟和增加产量，适于西瓜大棚嫁接栽培。

（6）勇士　台湾农友种苗公司育成的西瓜砧木杂种一代。抗枯萎病，生长强健，低温下生长良好，嫁接普通西瓜亲和力良好，坐果稳定。对西瓜品质风味无不良影响，肉色均匀。低温期坐果果皮较瓠瓜砧薄，畸形果较少。种子大，胚轴较粗较长，嫁接操作较容易。嫁接苗定植后初期生长较缓慢，但进入开花结果期前后，生长势趋强盛，后期生长比瓠瓜强，不易早衰。

（7）京欣砧 1 号　瓠瓜与葫芦杂交的西瓜砧木一代杂种。种子黄褐色，表面有裂刻，千粒重 150 克左右，种皮硬，发芽整齐，出苗壮，下胚轴短粗且硬，不易空心，不易徒长，便于嫁接。嫁接亲和力好，共生性强，成活率高。嫁接苗植株生长稳健，根系发达，吸肥力强。耐低温，抗枯萎病能力强，叶部病害轻，后期耐高温抗早衰。有提高产量的效果，对果实品质无不良影响。适宜早春栽培及夏秋高温栽培。

（8）京欣砧 2 号　嫁接亲和力好，共生亲和力强，成活率高。嫁接苗在低温下生长强健，根系发达，吸肥力强，嫁接瓜果实大，有促进生长提高产量的效果。种子纯白色，千粒重 150～160 克。高抗枯萎病，叶部病害轻。后期耐高温，生理性急性凋萎发生少，对果实品质影响小。适用于西瓜、甜瓜嫁接。

（9）京欣砧 3 号　嫁接亲和力好，共生亲和力强，成活率高。种子黄褐色，千粒重 150～160 克。嫁接苗在低温下生长强健，根系发达，吸肥力强，嫁接瓜果实大，有促进生长提高产量的效果。高抗枯萎病，叶部病害轻。后期耐高温抗早衰，生理性急性凋萎发生少，对果实品质影响小。适宜早春和夏秋季西瓜、甜瓜嫁接栽培。

（10）京欣砧 4 号　西瓜砧木一代杂种。嫁接亲和力好，共生亲和力强，成活率高。种子小，发芽势强，出苗壮。下胚轴较短，且深绿色，子叶绿且抗病，实秆不易空心，不易徒长，便于嫁接，有促进生长、提高产量的效果。高抗枯萎病，对果实品质影响小，对西瓜瓤色有增红效果。适宜早春西瓜嫁接栽培。

（11）甬砧 1 号　葫芦杂交的西瓜砧木一代种。生长势中等，根系发达，下胚轴粗壮不易空心，适宜早佳（8424）等中型西瓜嫁接，嫁接亲和力强，共生亲和力强，耐低温性强，耐湿性强，早春生长速度快，高抗枯萎病和根腐病，嫁接后不影响西瓜品质，适合早春大棚和露地栽培。

（12）甬砧 3 号　葫芦杂交的西瓜砧木一代种。生长势中等，根系发达，下胚轴粗壮不易空心，适宜早佳（8424）和早春红玉等中小型西瓜嫁接，嫁接亲和力强，共生亲和力强，高抗枯萎病，耐高温性强，不易早衰，嫁接早佳可采收 3～4 批，不影响西瓜品质。

（13）甬砧 5 号　葫芦杂交的西瓜砧木一代种。生长势较强，根系发达，下胚轴粗壮不易空心，适宜拿比特和早春红玉等小果形西瓜嫁接，嫁接亲和力强，共生亲和力强，高抗枯萎病，耐低温性强，不易早衰，不影响西瓜品质。

2. 嫁接方法

按接穗苗的状态，可分为子叶苗嫁接和成苗嫁接，以子叶苗嫁接为主。嫁接方法有顶插接、劈接、靠接等。顶插接操作方便，成活率高，工效高，为西瓜甜瓜嫁接最常用方法。采用劈接法、靠接法嫁接时都需使用嫁接夹固定嫁接部位，成活后需去除嫁接夹，操作比较繁琐，一般较少应用。

（1）顶插接

砧木苗和接穗苗准备：顶插接要求砧木下胚轴具有一定粗度，以砧木苗刚出第一片真叶、接穗子叶刚平展为最适嫁接时期。要使二者都处于最佳嫁接时期，砧木则应提前 1 周左右播种。

嫁接方法：嫁接前需准备竹签和刀片。竹签长 10 厘米左右，一头削成楔形，断面呈半圆形，先端渐尖，平滑，粗细和接穗的下胚轴粗细相近；一头削成薄扁平。宜多削几根备用。刀片需锋利，越薄越好。嫁接时，用竹签扁平的一端削去砧木中间的生长点，然后用竹签的尖端在砧木生长点中间，避开中腔，向下斜插一个小孔，应注意使竹签尖端达到茎下的另一端皮层，但不能刺穿，深度和接穗西瓜的削面长度相似。将西瓜、甜瓜子叶苗取出，倒转夹在中指和无名指之间，用食指顶住子叶，在下胚轴扁平的一面距子叶基部 1 厘米左右向下斜削一个长度约 1 厘米的斜面，然后将其完全插入砧木孔中，使接穗切面与砧木完全吻合。南瓜砧中腔出现早，因此砧木苗需小些，葫芦砧可适当大些。

(2) 劈接 砧木和接穗的大小要求与顶插接时相同。先去掉砧木的生长点，然后用刀片在生长点的内侧自上而下劈开1厘米的切口，深约为下胚轴粗细的1/2～2/3，要注意不能两边都劈开。然后将接穗两边削成楔形，一边接穗应留有表皮，将带表皮的一面向外。放入砧木切口，注意要使手指压平，接穗不能突出在外。然后用嫁接专用塑料夹将接口夹住即可。这种嫁接法成活率比顶插接法稍差，且因创面太大，如接口对不好或夹子不合，吻合不紧密，接穗易脱落或干枯。劈接法对嫁接后的环境要求较严，嫁接后要求严格遮阴并保温保湿。

(3) 靠接 靠接时，要求砧木、接穗的茎粗细相当，因此西瓜甜瓜应较砧木提前播种5～7天。当砧木子叶充分展平，真叶开始露心，接穗第一片真叶展开时，是嫁接的适宜时期。嫁接时先在砧木下胚轴靠近子叶处用刀片作45°角斜削一刀，深度约为砧木的1/2左右，长约1厘米。然后在接穗的相应部位向上斜削一刀，深度达下胚轴的1/2左右，用双手将二者拿起，切口相对嵌入，夹好即可。嫁接后把砧木、接穗苗同时种入营养钵，成活后剪去砧木接口以上部分，切断接穗的接口以下部分，则成为一株独立的苗。两周后即可除去夹子。为使嫁接后接穗和砧木的根都在一个平面上，在削砧木时注意切口的位置。此法因嫁接后都自带根系，伤口愈合好，成活率高，苗长势好，但操作起来较麻烦。

3. 嫁接注意事项

(1) 嫁接前一天进行苗床消毒，用0.1%多菌灵或甲基托布津喷砧木苗和接穗苗，进行嫁接的工作室、嫁接刀具、工作台等用具，也需消毒灭菌。

(2) 竹签的形状与粗度要和接穗粗细相当。嫁接时扎洞的深度不得少于1厘米，接穗苗的削口也不得少于1厘米。这样可以增大愈合面，提高成活率。

(3) 嫁接时，砧木下胚轴长度可以留长些，而接穗下胚轴长度应适当短些（一般嫁接口距子叶有 1 厘米即可）。主要是降低下胚轴的总长度，减少因接口离地面过近而传染病害。

（4）靠接的接穗和砧木，根要对齐，以备嫁接后同时栽在营养钵中。嫁接时动作要轻、要快。

（5）嫁接室的湿度要保持在 90% 以上，不能直接吹风或阳光直射。嫁接好后应立即栽入苗床，以免失水萎蔫，影响成活率。

4. 嫁接苗管理

砧木和接穗之间的亲和性、嫁接技术的熟练程度和嫁接后苗床的管理是影响嫁接苗成活的关键。嫁接后 1 周是嫁接苗成活的关键时期，应创造适宜的生长环境，加速接口愈合和幼苗生长。

（1）温度　为了加速嫁接苗伤口愈合组织的形成，苗床要保持较高的温度，嫁接后 1~3 天，床温白天保持在 28~30℃，夜间 18~20℃。为防止晴天苗床内温度超过 30℃ 以上高温，白天应用草帘等物遮盖降温；为防止夜间出现 15℃ 以下低温，夜间应密闭并覆盖草帘保温，必要时要用电热线加温。嫁接后 4~5 天可以通风换气，进行降温，白天 22℃ 左右、夜间 15℃ 左右为宜。随着日数增加，接口愈合，可转入一般温度管理。

嫁接后 1 周，白天气温控制在 23~25℃，夜间 18~25℃，土温保持在 24℃，此后逐渐降低气温和土温，定期前 1 周温度降至 15~18℃，白天通风降温，夜间覆盖保温。

（2）湿度　嫁接后把接穗水分蒸腾量控制到最低程度，是提高嫁接苗成活率的决定因素。嫁接苗愈伤组织形成前，要保证苗床较高的湿度，嫁接前 1~2 天将苗床浇透底水，嫁接苗入床后严密覆盖塑料薄膜，使棚内湿度达到饱和状态，棚膜上出现水珠为宜，2~3 天内密闭不放风。嫁接后 3~4 天，嫁接苗进入融合期，要防止接穗萎蔫，还要让嫁接苗逐渐适应外界环境，在早晨和傍晚时少量通风，以后逐渐加大通风量，延长通风时间，但要保持苗床较高的相对空气湿度，以早晨叶片见露为宜。嫁接 7~

10 天后按正常苗床湿度管理。

（3）光照　嫁接后要避免阳光直射苗床，以避免接穗失水萎蔫。嫁接后 3 天内必须密闭苗床，同时加盖草帘或遮阳网等覆盖物进行遮光管理，嫁接后第四天开始早晚除去遮盖物，以散射光每次照射 30～40 分钟，以后逐渐延长光照时间，嫁接后 1 周只在中午遮光，直到嫁接苗见光不萎蔫为止。10 天后撤除遮盖物，恢复一般苗床管理。

（4）摘除砧木萌芽　砧木虽切除了生长点，但在嫁接苗生长过程中砧木子叶节处会产生不定芽。砧木不定芽会直接影响接穗生长，因此要及时摘除砧木萌芽。摘除萌芽时动作要轻，不要伤及砧木子叶和接穗。

（5）去夹断根　嫁接苗经过缓苗长出新叶，表明嫁接已经成活，嫁接后约 10 天应及时去掉嫁接夹等固定物，以免影响嫁接苗生长。采用靠接法嫁接时，嫁接苗成活后需对接穗断根，使嫁接苗完全依靠砧木生长。一般嫁接后 10～12 天切断接穗根部，断根后应适当提高温度、湿度并遮光，促进伤口愈合，防止接穗萎蔫。

（6）炼苗　定植前 7～10 天对嫁接苗进行低温锻炼。去掉覆盖在苗床上的薄膜进行大放风，白天温度控制在 22～24℃，夜间温度降到 13～15℃，使嫁接苗逐渐适应外界环境条件。当嫁接后 25～30 天、嫁接苗具有 3～4 片真叶时即可进行田间定植。

二、西瓜设施栽培技术

（一）西瓜小棚双膜覆盖栽培

小棚双膜覆盖栽培是在地膜覆盖栽培和小棚覆盖栽培基础上发展形成的一种栽培方式，即在栽植畦上覆盖一层地膜，然后在畦面上插拱架覆盖薄膜。地膜覆盖具有增加地温、保墒，促进根系生长的作用；小棚覆盖能够提高气温，防止短期低温、寒风、轻霜冻，保护幼苗地上部分；双膜覆盖综合利用了地膜覆盖和小棚覆盖的功能，较单纯的地膜覆盖或小棚覆盖增温保温性能更好，可提早定植、提早收获。一般双层覆盖栽培可提早定植期到终霜期前 30 天左右，采收期可提前到 5 月下旬至 6 月上旬，有较好的早熟效果；而且小棚结构简单，取材方便，成本低。因此，小棚双膜覆盖栽培成为目前应用最普遍、使用面积最大的西瓜设施早熟栽培方式。

1. 品种选择

为了达到早熟目的，小棚双膜覆盖栽培应选择早熟品种，同时要求品种具有较强的耐低温弱光性，在早春较低的温度下能正常生长，生长势稳定，对肥水条件适应性强，不易徒长，雌花着生节位低，果实发育期短，品质佳，产量高等优点，如京欣一号、京欣二号、早佳（84 - 24）等。

2. 定植田准备

（1）瓜田选择　西瓜具有忌连作、需肥多、怕涝耐旱、根系发达等特点，应选择地势高燥、土层深厚、通透性好、排灌方便的地块，以肥沃的沙质土和耕作层深厚的沙土最为适宜。西瓜对轮作要求十分严格。旱地轮作周期 7～8 年，水田轮作周期 4～5 年。轮作周期过短，容易发生枯萎病，造成减产，甚至失收。在平原湖区栽培，应选择地下水位较低、排水良好的地块，并建立良好的排水系统。丘陵红壤、黄壤酸性较强，应选用 pH5.5 以上的地块。如酸度过高，可施用石灰予以调节。盐碱地土壤的总含盐量一般要求在 0.2% 以下，必要时在种植穴内以稻田土做客土。

（2）耕地与施肥　西瓜是深根性作物，为了发挥其高产潜力，瓜田应进行深翻，但是深耕的程度、时间各地应视具体情况而定。南方露地西瓜地如与其他越冬作物套种，则必须在越冬作物播种前进行或单独预留瓜畦。稻田土质黏重，冬前必须深翻冻垡，一般深耕 25～30 厘米，耕后不打碎土块，让其晒或冻，以加速土壤熟化，春季结合作垄浅耕一次。红壤丘陵生荒地土层较浅，土质瘠薄，应在冬季局部开宽约 70 厘米、深约 50 厘米的深沟，将表土填入沟底，结合施用土杂肥，将底土在沟边风化，分次填入沟内，以改良土壤，提高蓄水力。

施基肥是供给植株整个生长期间的营养、促进根系生长、保持植株长势、延长生长季节、提高产量的重要环节。特别在土层较浅、土质瘠薄的地区，尤应重视基肥的施用。

有机肥（厩肥，土杂肥）使用前必须经过堆制，进行 50～55℃持续 5～7 小时的无害化处理，以消灭虫卵、病菌。

有机肥应配施适当的磷肥和钾肥。在南方多雨条件下，中等肥力水平的地块一般每亩施用猪牛粪肥 1 500～2 000 千克或鸡鸭粪肥 500～750 千克，过磷酸钙 20～25 千克，硫酸钾 5～10 千克。有机肥不足可用化肥或饼肥代替，每亩施菜籽饼 50～100 千克，硫酸铵 10～15 千克，硫酸钾 5～10 千克，避免过量施用速效氮肥而引起前期徒长。基肥用量约占总用肥量的 30%～40%。

在有机肥充足时，基肥可采取全面撒施与集中沟施相结合的方法，即在耕翻时全面撒施，然后翻入土中，而后在作垄时施入部分速效肥。由于间作物的存在或为了节约肥料，多采取集中沟施，将有机肥施用在底层。

（3）作畦 为便于灌溉和排水，定植前必须作畦。

南方在西瓜生长季节降水量多、地下水位较高，生长后期往往会遇到旱季，因此作畦应以排水为主、排灌结合为原则，一般作成高畦，并配套排水沟的方式。根据畦面宽度，可分成宽畦和窄畦两种。宽畦连沟 4～4.5 米，沟宽约 60 厘米，瓜苗定植在畦的两侧。窄畦连沟 2～2.5 米，瓜苗定植于畦的一侧或中间。

华北、东北地区西瓜生长前中期干旱，后期进入雨季，作畦时应掌握以灌为主、灌排结合的原则，一般多作成平畦或高低波浪形畦。新疆、甘肃地区，降水量少，不存在雨涝，所以作畦时不用考虑排水的问题，以有利于灌溉为原则，一般作成深沟和较高的畦面。

（4）铺膜建棚　于定植前一周提前覆盖地膜和小棚膜，以提高地温。铺地膜时膜要紧贴地面，四周埋泥不能有空隙，畦中间露出的地膜应有 50 厘米以上的宽度。小棚由拱架和塑料薄膜组成。拱架材料多用竹片、竹竿或其他具有一定强度与韧性的竿材。小棚形式一般为拱圆形，高度 50～90 厘米，跨度 80～180 厘米，每隔 60～90 厘米用拱架材料插一个拱，并保持所有拱架上下、左右整齐一致，长度视瓜行长度而定。扣棚用膜可用 0.03～0.08 毫米厚聚乙烯薄膜。为加固拱架，可用细绳将各拱架的顶部连成一体，两端固定于木桩上。一般单行定植时小棚可窄一些，双行定植时小棚需宽一些。南方地区采用小棚双膜覆盖栽培方式时应尽量采用较大跨度的小棚结构。因为跨度过窄，在瓜蔓伸长后需要及时撤棚，早熟效果不够理想；而跨度较大的小棚可全生长期覆盖，在西瓜生长中后期具有防雨的功能，尤其适宜于南方梅雨地区采用。

3. 定植

（1）定植时间　定植时间以小棚内 10 厘米深处的土壤温度稳定在 12℃以上，棚内平均气温稳定在 15℃以上，凌晨最低气温不低于 5℃为依据。当幼苗的苗龄达到 30～40 天、生长有 3～4 片真叶的大苗时才可定植。定植期的选择必须结合当期的天气情况，选择冷尾暖头晴好天气定植，否则容易形成僵苗、锈根等低温冷害症状。小棚空间小，气温上升快，下降也快，夜间在没有草苫覆盖时棚内气温较外界仅高 1～3℃。因此，小棚西瓜定植不宜过分抢早，否则遇到持续阴雨天气容易造成低温冷害，反而达不到增产增效的目的。长江中下游地区，小棚西瓜一般在 3 月中下旬至 4 月初定植。

（2）定植方式　小棚双膜覆盖栽培应适当密植，以获得高产，特别是早期产量。早熟中果形西瓜采用双蔓整枝，一般亩栽 800～1 000 株；采用三蔓整枝，一般亩栽 700～800 株。具体密度应根据品种、各地实际条件和栽培管理技术而定。幼苗从营养钵移植到大田的工作，要求十分细致严格，定植技术与以后幼苗的生长有直接关系，是保证幼苗正常发育的重要环节。定植前一周要完成大田整地、施肥、起垄等工作，使松土稍紧实。植穴周围的土壤要细碎，畦面要平整。起苗、运苗时要轻拿轻放，脱去塑料钵时应小心，根泥不能松散。幼苗放入定植穴要小心轻放，然后四周用碎泥填充，轻轻压实。根周围不能放入大土块，以防根部泥土空隙太大，根系漏风引起植株凋萎。种植穴不能太深，以覆土后比原来营养钵泥面高 1 厘米左右即可。种较小幼苗时，覆土不能贴近子叶，以保持 1 厘米以上距离为好。种植后及时浇好定根水，使幼根舒展并与大田土壤紧密相连。扣好小棚膜，四周用土压严实，防止漏风。

4. 覆盖期温度管理

小棚双膜覆盖栽培西瓜定植后，由于当时外界气温尚低，需要依靠小棚覆盖来创造适宜西瓜生长的温度环境，但因小棚空间小，在晴天中午棚内气温可达到 40～50℃，特别是在天气渐暖时，易造成高温危害；遇到强寒流天气时，棚内温度又会迅速大幅度下降，特别是大多数小棚夜间无草帘覆盖，故易出现冷害。因此，必须加强小棚覆盖期间的温度管理。

在全覆盖条件下，一般可在定植后头 7 天左右加强保温，促进活棵和防霜冻危害。以后 2 周内实行 30～35℃ 高温管理，最低温度不小于 12℃，温度过高或过低都不利雌花的分化。当外界气温稳定至 18℃ 以上时，可将棚膜昼夜打开。在雌花开放和坐果期间应注意防雨，坐果后继续保持夜温，可防止落果和促进果实膨大。上述棚内温度管理主要是通过揭膜通风来实现，由小到大逐渐随天暖加大通风量。开花坐果期间利用拱棚顶部的遮雨作用，确保正常授粉和坐瓜。棚温的管理要避免两种倾向，一是温度过高，造成徒长和诱发病害；二是温度过低，植株生长缓慢，达不到早熟的目的。

5. 合理整枝，人工辅助授粉

小棚双膜覆盖栽培西瓜多采用早熟品种，实行密植栽培，一般较多采用双蔓整枝。瓜秧在小棚中就已伸蔓，而棚内空间较小，为防止瓜蔓杂乱生长，应及时把瓜蔓按一定方向理顺。拆棚后，按瓜蔓方向顺蔓并用土块或枝条压蔓。压蔓具有稳固瓜蔓，防止大风损伤枝叶、果实的作用，对长势强的瓜蔓采取重压、深压还可抑制生长势，促进坐果，对长势弱的瓜蔓则需轻压、浅压。生长势较强、叶片肥大的品种，可在留瓜节位雌花开花坐住瓜后向前再留15节左右，当瓜蔓爬满畦面时打顶。对生长势偏弱、叶面较小的品种，可保留坐果节位以后发生的侧蔓，有利于保证叶面积，从而提高单瓜重和总产量。

早春小棚双膜覆盖西瓜雌花开放期，瓜蔓尚在棚内或虽引出棚外，但昆虫活动少，因此必须进行人工辅助授粉才能确保按时坐果。授粉于上午7～9时进行，以当日盛开的雄花的雄蕊轻轻涂抹雌花的柱头，让花粉均匀地散落在柱头上即可。

西瓜可连续开花坐果，往往一株坐2～3个幼果，如任其生长，则瓜多而小，商品价值低，因此需疏果。疏果时每株以留1个果为宜，将坐果节位适中（主蔓第二或第三雌花）、果形周正、果面颜色亮、生长迅速的幼果留下，其余的幼果疏除。疏果应及时进行，一般结束授粉后，幼果鸡蛋大小时进行，如疏果过晚，营养分散，则会导致单果重和产量降低。

6. 肥水管理

小棚双膜覆盖前期以保温为主，水分蒸发量小，一般不需浇水。如果底水不足，出现早旱，可在伸蔓期浇一次水。幼果长至鸡蛋大小时结合浇水追施膨瓜肥，每亩施氮磷钾复合肥20千克。以后土壤保持见干见湿。为防止早衰，可叶面喷施0.2%磷酸二氢钾，每7～10天喷一次，能促进果实膨大，显著提高西瓜品质。采收前7天停止浇水。

7. 适时采收

西瓜采收成熟度与果实品质有直接关系，未成熟的果实糖分含量低，色泽浅，风味差，过熟的果实质地绵软，含糖量开始下降，食用品质降低，因此应采收适度成熟的果实。适度成熟的西瓜除了含糖量较高外，皮色、瓤色、肉质等性状都能表现出品种固有的特征特性，生产上可根据这些特征来鉴别采收成熟度，但这需要一定的经验。根据雌花开放后的天数估算西瓜的成熟度比较容易掌握。西瓜同一品种在一定的温度条件下，从雌花开放到果实成熟所需的时间是比较固定且一致的，比如早熟西瓜一般从雌花开放到果实成熟需要 30 天时间，在雌花开放、授粉的时候以绑彩色绳或挂日期牌的方式进行标记，从而可以计算果实发育的时间，采收花后 30 天左右的瓜，则基本可以保证瓜的成熟度达到要求。果实生长期间的气候条件对果实成熟所需的天数有影响，低温下生长，开花至成熟的天数就长；在高温下生长，开花至成熟的天数就短。因此，在以雌花开放后的天数判断西瓜成熟度时应结合实际情况作适当调整。

采收熟度还需根据销售地点的远近做适当调整。如采收后需运输 1 周才到市场，则可在八成熟时采收；如 3～5 天内到达，采收熟度可掌握在九成熟；如在当地销售，应在九成熟以上采收。在七八成熟时采收的瓜，是利用瓜的生理后熟作用来成熟，但糖分的转化受阻，只红不甜，风味较差。

西瓜因坐果节位、坐果期不同，果实间成熟度不一致，应分批陆续采收。采收前一周不施肥水、不喷药，以免含水量过高降低含糖量。采收一般在晴天上午进行。因为上午果实温度较低，利于装箱贮运，也减少了贮藏病害的发生。但果皮较薄的品种应在傍晚采收，避免裂果。采收时注意不要践踏瓜蔓和叶片，以免影响后续瓜生长。

（二）西瓜大棚早熟栽培

利用大棚进行西瓜早熟栽培，棚内光照、通气和温湿度条件均优于小棚，而且管理方便，对外界不良气候条件抵抗能力更强，更有利于创造适于西瓜生长发育的小气候环境。为了充分发挥大棚栽培的早熟效果，在大棚双膜（地膜＋大棚膜）覆盖栽培的基础上，逐渐发展形成大棚多层覆盖栽培模式并日趋普及。通过多层覆盖，大棚西瓜一般较露地西瓜早定植 2 个月，上市期提早 40～50 天，产值是露地西瓜的 2～3 倍。

1. 品种选择

大棚早熟栽培的主要目的是提早上市期，提高经济效益，因此选择西瓜品种时首先应选择早熟优质品种。同时要求品种具有较强的耐低温弱光性，植株长势稳健，不易徒长，易坐果，果实膨大快，果形周正。

2. 整地作畦

冬闲大棚应在入冬前深耕冻垡，以利于疏松土壤。若利用越冬蔬菜种植棚，应在定植前 10 天清园，并深耕晒垡和大通风，以降低土壤水分，使土壤松散。然后将底肥的一半全面撒施，翻入土中，整平后开沟集中施肥和作畦。北方大棚内的作畦方式一般采用小高垄和高畦。按行距 1～1.2 米做小高垄，垄基部宽 60 厘米，垄面宽 40 厘米，垄高 10～15 厘米，垄沟宽 40 厘米。瓜行的方向与大棚纵向平行。南方作畦时则沿棚向作畦面宽 2～2.5 米的高畦。作畦时先规划好瓜行位置，沿定植行开丰产沟，沟宽、深各 40 厘米，沟内分层施入底肥，混匀后合垄，在垄上踏一遍，使土壤稍紧实。然后在垄中间顺瓜行开浅沟，灌水造墒（低下水位高或土壤潮湿时不需开沟灌水）。待水下渗后，再将垄恢复，并平整畦面，使之成为中间稍高的龟背形，随即扣上地膜以提高土温。

底肥用量一般每亩施优质厩肥 4 000～5 000 千克或腐熟鸡粪 3 000～4 000 千克，磷酸钙 50 千克，硫酸钾 15～20 千克，腐熟饼肥 100 千克。

3. 育苗移栽

西瓜大棚早熟栽培季节性强，必须提前育苗，培育有 3～4 片叶的大苗。播种期根据定植期向前推 40～45 天而定。由于此时气温低，必须采用多层覆盖或电热温床育苗，育苗期间加强温度、湿度、光照管理。10 厘米土温稳定在 13℃以上，棚内最低气温 5℃以上，结合苗龄适时选晴天定植。华北地区一般在 3 月上旬时定植；江淮地区及长江中下游地区一般在 2 月中旬至 3 月上中旬定植。

大棚早熟栽培种植密度较高，但地区之间差异大，北方地区三蔓整枝每亩定植 700～800 株，二蔓整枝每亩定植 1 000 株；长江中下游地区一般采用三蔓整枝，每亩定植 500～600 株。

4. 田间管理

（1）温湿度管理　大棚早熟栽培西瓜生长前期要增温保温，防止低温冷害，生长后期要通风降温，防止高温高湿，因此温度管理要根据季节和西瓜生长发育阶段进行分段管理。

缓苗期需要较高的温度以促进瓜苗发根活棵，而此时外界温度尤其是夜间温度较低，因此需采取多层覆盖等措施提高棚内温度。可在大棚内再建一层简易棚，然后在畦面架设小拱棚，或者直接在畦面上架设 1～2 层小拱棚，夜间在小拱棚上覆盖草帘、无纺布等，以提高防寒能力。白天棚内气温保持在 30℃左右，夜间 15℃左右，最低不能低于 10℃，土温保持在 15℃以上。多层覆盖对棚内光照有影响，在保证温度时应兼顾增加棚内光照。日出后揭去小拱棚上的草帘、无纺布，棚内气温升高到 30℃以上时，再揭去小拱棚膜；午后先盖小拱棚膜，光线渐弱时再盖草帘、无纺布等。

进入伸蔓期后外界气温逐步上升，白天闭棚的情况下棚内温度有时会升得很高，为促进植株稳健生长，提高雌花质量，棚温要相对降低。一般白天气温控制在 22～25℃，夜间气温控制在 15℃以上。此阶段若不注意通风控温，棚内温湿度过高，长势强的西瓜品种易形成徒长，影响坐果。当棚内最低温度稳定在 15℃以上时，可拆除大棚内的覆盖物。

进入开花坐果阶段，棚温要相应提高，白天温度保持在30～

32℃，夜间温度不低于15℃，以利授粉、受精。进入果实膨大期后，外界气温已经升高，要适时放风降温，把棚内气温控制在35℃以下，但夜间仍要保持在18℃以上，否则不利于西瓜膨大，易引起果实畸形。

大棚内空间密闭，空气难以流通交换，因此空气相对湿度较大，西瓜喜较干燥的环境，白天最适空气相对湿度为55%～65%，夜间75%～85%。棚内空气相对湿度与棚内温度、土壤湿度和植株叶面蒸腾相关。当棚内气温升高后，空气相对湿度下降；棚内气温降低时，空气相对湿度升高。晴天、风天棚内空气相对湿度较低，阴天和雨雪天棚内空气相对湿度较高。白天通风后，棚内空气相对湿度下降，下午关闭风口后棚内空气相对湿度开始升高，并随着夜间棚温下降而迅速增加，日出前棚内空气相对湿度达到峰值，一般达90%以上，大棚边缘处甚至可达到饱和状态。土壤水分蒸发和植株叶面蒸腾是大棚内水汽的主要来源。通过合理控制灌水量可以间接调控大棚内空气湿度。由于地膜具有抑制土壤水分蒸发和保温的作用，在棚内畦面覆盖地膜既可起到降低空气相对湿度的作用，又可减少西瓜生长前期的灌水量。但到西瓜生育中后期由于叶片蒸腾量大大增加，降低棚内空气湿度主要应靠通风换气排湿，使棚内保持相对干燥，以利西瓜生长发育。有条件的地方还应积极采用膜下滴灌技术。

(2) **植株调整** 由于栽培密度大，大棚西瓜应严格进行整枝、打杈，一般采用双蔓或三蔓整枝。坐果后的瓜杈视瓜秧长势确定是否去除。若瓜秧长势较旺，叶蔓较挤，则应少留瓜杈；若不影响棚内通风透光，坐果部位以上的瓜杈可适当多留。大棚西瓜一般不会发生风害，西瓜压蔓主要是为了使瓜蔓均匀分布，防止互相缠绕。

一般情况下，一株的瓜蔓应向同一个方向爬蔓，但大棚栽培时为了提早成熟，方便管理，可采取大小行种植将一株的瓜蔓朝相反方向爬。具体做法：双行的地面中间只栽1行苗，苗密度加倍，整蔓时主蔓结瓜需高温可朝棚中间爬蔓，侧蔓则朝棚边方向爬。

（3）肥水管理　大棚西瓜肥水供应宜采用膜下滴灌技术，即在地膜下铺设滴灌软管，由水泵（或压力蓄水池）提供压力，将水、肥均匀输送到植株根际。与普通灌溉方式相比，膜下滴灌具有降低田间湿度、节水、省工、增产等诸多优点，尤其在生产面积较大时，其省工、易操作的优点表现得更明显。滴灌软管沿西瓜定植行铺设，距西瓜根 10～20 厘米，滴孔向上。滴灌软管一端扎紧，另一端通过三通与输水主管相连接，输水主管与水泵连接。单支滴灌软管不宜过长，以 30～50 米为宜，否则水压低，易造成供水不均。滴灌软管铺好后，进行通水试验，确保没有漏水、堵塞现象后，再在畦面上铺地膜。滴灌软管不但可以供水，一些水溶性较好的肥料也可以随水进行滴灌。

大棚内温度高、湿度大，有利于土壤微生物的活动，土壤中养分转化快，前期养分供应充足，后期易出现脱肥现象，所以追肥重点应放在西瓜生长的中后期。一般做法是在施足底肥时，坐瓜前可不追肥，否则，应在伸蔓初期追一次肥。开花坐瓜期可根据瓜秧的生长情况，叶面喷 2 次 0.2%磷酸二氢钾溶液，有利于提高坐瓜率。坐瓜后及时追肥，结合浇水，每亩施三元复合肥 30 千克左右或尿素 20 千克，硫酸钾 15 千克。果实膨大盛期再随浇水施肥一次，每亩施尿素 10～15 千克，保秧防衰，为结二茬瓜打下基础。在头茬瓜采收、二茬瓜坐瓜后，结合浇水再施肥一次，每亩施尿素 10～15 千克，硫酸钾 5～10 千克，同时叶面追肥 1～2 次。

一般缓苗后浇一次缓苗水，之后如果土壤墒情较好，土壤的保水能力也较强时，到坐瓜前应停止浇水，以促进瓜秧根系深扎，及早坐瓜；如果土壤墒情不好，土壤的保水能力又差时，应在瓜蔓长到 30～40 厘米长时轻浇一次水，以防坐瓜期缺水。幼瓜坐稳进入膨瓜期后，要及时浇膨瓜水。膨瓜水一般浇 2～3 次，每次浇水量要大。西瓜"定个"后，停止浇水，促进果实成熟，提高品质。二茬瓜坐住后要及时浇水，收瓜前一周停止浇水。

（4）人工辅助授粉　大棚早熟栽培西瓜开花期早，开花时外界昆虫活动少，自然授粉困难，必须进行人工辅助授粉才能确保西瓜坐果。选主蔓第二或第三雌花，或侧蔓第二雌花于上午 6～10 时授粉。因地区不同或天气条件差异，具体授粉时间不尽一致，但总的要求是在上午进行，因清晨花粉和子房的活力较强，花粉量多，易于坐果。

人工授粉需要较多的劳动力，在生产面积大、劳动力紧缺的情况下，推广蜜蜂授粉是可行且高效的方法。据浙江平湖的经验，大棚西瓜采用蜜蜂授粉，单株坐果率提高，果实果形周正，畸形瓜少，糖分高，风味好，虽增加了租用蜜蜂的成本，但减少了人工授粉的劳动力成本，且提高西瓜产量 25％以上。西瓜始花前 3～5 天把蜂箱搬入棚内，使蜜蜂熟悉新环境。将蜂箱放置于离地约 0.5 米高的干燥处，以免棚内过高的湿气侵袭蜂群。蜜蜂活动的最佳温度为 20～20℃。保持良好的通风透气状态，防止晴天中午高温闷热对蜂群造成危害。放蜂后棚内尽量做到不用杀虫剂。及时为蜜蜂补充盐和水。

（5）适时采收　大棚西瓜头批瓜果实发育期环境温度偏低，成熟期会延迟，一般从坐果雌花开放至成熟需 35～40 天。二批瓜、三批瓜成熟期则会缩短。授粉时做好日期标记，通过果实发育时间判断成熟度较为准确。结合销售地点远近，在达到成熟度要求后及时采收，保证果实品质，提高经济效益。

（三）西瓜日光温室早熟栽培

日光温室以太阳能为热源，冬季在不加温条件下生产喜温蔬菜。西瓜生长发育期间对温度要求较高，且需要较强的光照，日光温室发展之初较少用于西瓜栽培，但近年来随着市场对西瓜周年供应的需求，耐低温弱光品种与嫁接等配套栽培技术的形成，日光温室早熟西瓜栽培有了一些发展。

1. 栽培季节

日光温室投资大、生产成本高，要把采收期安排在秋延后西瓜供应期之后、春季普通大棚西瓜上市之前，以争取较高的瓜价，保证高产值。日光温室西瓜的播种期除了考虑上市期外，还应考虑温度对坐果的影响，应使果实发育期避开1～2月份低温期。一般在10～12月份播种，11月份至翌年1月份定植，3～4月份采收上市。

2. 整地作畦

在室内南北走向先挖宽1米、深50厘米的瓜沟，回填瓜沟约30厘米。结合平沟每亩施入腐熟土杂肥5 000千克，腐熟饼肥200千克，三元复合肥30千克。施肥时将以上各种肥料混合，撒入沟内与土充分混合均匀，整平地面。在两行立柱之间作畦，畦向与之前挖的瓜沟方向一致。作成宽约60厘米、高约15厘米、沟宽25厘米左右的畦，整平畦面。

3. 育苗移栽

日光温室复种指数高，或多或少会存在连作障碍，因此宜选用嫁接苗，以提高西瓜抗病、抗逆性。爬地栽培时采用大小行栽植，即每畦双行定植，小行距30厘米，株距40厘米，伸蔓后分别爬向东、西两边瓜畦（大行）。定植应选在晴天上午，栽苗后立即铺地膜。

4. 定植后的管理

（1）温度管理　日光温室内冬季晴天时，最高气温可达35℃以上，最低气温低于5℃。但春季以后室温迅速升高，一般当外界温度达10℃时，室内温度可达35℃，夜间最低也可维持在10℃以上，因此温度管理上冬季应以保温御寒为主，春季应注意防止高温。保温增温的方法主要有扣盖小拱棚、拉二道幕、屋面覆盖草帘、在草帘上加盖薄膜等。一般定植后2～3天内白天温度保持在25～30℃，夜间16～20℃；缓苗后开花前，白天温度保持在22～28℃，30℃以上时通风，夜间14～18℃，尽可能增加昼夜温差，促根壮秧；开花结果期白天温度保持在25～30℃，夜间15～18℃，土温应保持在16℃以上。

（2）光照管理　日光温室的东、西、北三面是墙，后屋顶也不透光，南屋面是唯一采光面。再加上冬春栽培西瓜，室内需要保温，上午草帘揭得较晚，下午又盖得较早，这就使一日之内的光照时间更短。改善光照的方法：保持棚膜面清洁无水滴，以增加透光率；建棚时应根据当地维度设计好前屋面适宜的坡度，尽量减少棚面反射和棚内遮光量；在权衡温度对瓜苗影响的前提下，尽量延长采光时间。晴天时，一般日出后30分钟、日落30分钟卷、放草帘为宜。阴天时，只要室温不低于15℃，也要卷起草帘，让散射光进入室内。此外，在后墙、东西侧墙面上张挂反光膜或用白石灰把室内墙面、立柱表面涂白也可改善室内光照。有条件时可在每间温室内安装一盏100瓦以上的日光灯或太阳灯，每天早晚补光2小时左右。阴雨天时，其补光效果尤为显著。

此外，日光温室因栽培季节早，合理的温度、光照管理是保证西瓜正常生长发育的重点，田间其他管理措施与大棚早熟栽培相似。需要特别注意的是：西瓜伸蔓期室内要保持适当的温湿度，适当控制水分供应，防止高温高湿引起西瓜徒长；宜配套使用膜下滴灌技术，以更好地控制室内湿度，减少病害发生；日光温室西瓜栽培密度大，宜及早整枝，防止枝蔓过密，影响坐果；花期必须采用人工辅助授粉或放蜂授粉以提高坐果率；要注意把握西瓜的成熟度，防止采收过早，生瓜上市。

（四）西瓜大棚秋延后栽培

秋延后西瓜于夏季播种，秋季采收，可以错开夏季集中上市期，延长供应季节，满足国庆、中秋消费需求。秋西瓜价格较高，种植效益较好，但由于西瓜生长前期要经历高温，后期温度趋低、光照渐弱，植株生长、果实发育均会受到影响，且病虫害猖獗，因此对栽培技术要求较高。利用大棚进行秋延后西瓜生产，前期利用大棚的避雨作用，后期利用大棚的保温作用，有利于保证秋延后西瓜种植成功。

1. 选择适宜的品种

针对秋延后西瓜生产特点，要选择耐高温、抗病性强、生育期中等、长势稳健、果实发育快、膨果性好的品种，如黑美人、早佳（8424）、早抗京欣等。

2. 适时播种育苗

秋延后西瓜的播种期比较严格。播期过早，苗期处于雨季，开花坐果期处于高温期，管理难度大；播期过晚，后期温度太低，影响果实膨大，果实成熟慢。各地气候条件不一致，因此选择播种期需因地制宜，将西瓜果实发育期安排在适宜果实发育的季节。长江中下游地区在 7 月中下旬播种，果实可以正常成熟，为了防止 10 月份后期低温，可适当提早到 7 月上旬播种。夏季播种，温、光条件满足西瓜生育需要，可以采用直播的方式，但因苗期雨水多、雨势强，难以保苗，因此宜采用集中育苗移栽。集中育苗可以改善环境条件，应适当提前播种，争取有足够的生长时间。

3. 适时移栽

夏季气温高，幼苗生长迅速，苗龄不宜过大，以 15～20 天、具有 2 叶 1 心时带土移栽为宜。移栽后在瓜垄上覆盖宽 70～80 厘米的银灰色地膜，可以驱避蚜虫，有利于减少病毒病传播和发生。

4. 整枝压蔓，促进坐果

秋延后西瓜伸蔓期温度较高，容易引起徒长，应及时整枝压蔓。通常采用双蔓整枝，摘除多余的蔓。压蔓可使田间茎蔓分布均匀，也有利于使植株生长稳健。留主蔓第二、第三朵雌花坐果，每株留 1 果，坐果后瓜前 10～15 叶打顶，以抑制茎蔓继续生长，促果实膨大。坐果位置应根据品种和雌花开花期灵活掌握。8 月上旬开花可留第三朵雌花；9 月上旬开花留第二朵雌花。

如果坐果太迟，果实不易成熟。

5. 肥水管理

秋延后西瓜生长前期温度高，昼夜温差小，植株伸长快，但较纤弱，后期温度降低，光照渐弱，植株容易早衰。要加强肥水管理，保持植株长势，促进果实膨大。

基肥每亩施腐熟饼肥 100 千克，过磷酸钙 50 千克或磷酸二铵 50 千克，开沟集中施入瓜行，肥料与土壤充分混匀后合垄。进入伸蔓期，在距瓜苗 20 厘米处开浅沟，每亩施尿素 10～15 千克或硫酸铵 20～25 千克，并结合灌水，水下渗后将沟埋好。果实坐住后，结合灌水每亩施硫酸钾 20～30 千克，尿素 10～15 千克。膨瓜后期叶面喷施 0.3％～0.5％磷酸二氢钾溶液 2～3 次。

高温期间，土壤水分蒸发量大，应注意及时浇水，防止田间过分干旱，持续高温干旱易诱发病毒病。

6. 病虫害防治

秋延后西瓜病虫害普遍较严重，前期高温干旱易发生病毒病，后期夜温低、棚内湿度大，易发生炭疽病、白粉病；虫害主要有蚜虫、白粉虱、红蜘蛛等。田间管理要控制棚内湿度，降低病害发生概率，搞好园区卫生，减少虫源，注意勤观察、早防治，防止病虫害蔓延暴发，加大防治难度。

（五）西瓜大棚长季节栽培

一般大棚西瓜栽培经过 2～3 批采收，在高温季节来到后就拉秧清茬，结束一季的生产。长季节栽培在高温期不进行拉秧清茬，而是通过水肥调节保持植株长势，使西瓜植株顺利渡过高温期，在秋季凉爽季节再继续坐果，从而延长西瓜的生长期，使采收次数增加到 4～6 次，单位面积的产量显著提高。长季节栽培技术最先在浙江温岭市推广应用，目前已辐射到上海、江苏、广东、海南等省。

1. 产地选择与基地建设

长季节栽培模式有省工、高产、高效等显著优点，但长季节栽培较一般大棚栽培面临着更高的自然灾害风险，主要是夏季的暴雨、台风、冰雹等，大棚内一旦淹水或大棚设施遭到破坏，都会造成极大的损失，因此安全越夏是西瓜长季节栽培成功的关键。在选择产地时需多考虑当地夏季气候条件，易发生台风、冰雹的地区不宜作为西瓜长季节栽培基地。在具体选择种植田块时应着重考虑排灌条件，雨季时能及时排水，防止雨涝，在西瓜生长期间需多次浇水，因此又要有较好的灌溉条件。

长季节栽培所用大棚在生产前期至少要达到三膜覆盖的要求，即地膜＋小拱棚膜＋大棚膜。如果定植期选择在 2 月上旬之前，则需要达到三棚四膜覆盖的设施要求。因为生长期长，水肥管理要求较高，一般都需配套使用滴灌带，通过滴灌带浇水或施肥。尤其是在种植面积较大时，使用膜下滴灌技术尤为重要。

2. 品种选择

长季节栽培前期气温低，后期气温高，因此要选择既耐前期低温又耐后期高温且品质佳的品种。目前生产上主要应用的品种为早佳（8424）。

3. 适当稀植

因生长期长，单株营养体占地面积大，因此需要适当稀植，行距为 2.5～3 米，株距为 0.8～1 米，一般每亩定植 220～250 株。

4. 加强水肥管理，合理调节坐果

保持植株长势，是能否连续坐果，能否安全越夏，长季节栽培能否成功的关键因素。保持植株长势的主要措施是加强水肥管理，合理控制坐果。第一批瓜每株只留 1 果，第二批瓜每株可留 2 果，以后根据长势留瓜。第一批瓜采后，每亩施三元复合肥 10 千克，硫酸钾 5～10 千克，并叶面喷施 0.2%～0.3%磷酸二氢钾液 1～2 次。幼瓜鸡蛋大时施膨瓜肥，每隔 7～10 天施一次，每亩施三元复合肥 10 千克，硫酸钾 5 千克。每采瓜一次施一次肥,然后再坐瓜。

5. 高温期管理

7~9月的高温期一般不授粉、不坐果,以保持植株长势为主。在棚温超过35℃时要采取降温措施,包括加大通风量、覆盖遮阳网、在棚膜上涂抹泥浆等,并适当浇水。

6. 病虫害防治

由于生长期长、棚内湿度大等原因,长季节栽培模式下病虫害发生较多,有效控制病虫害也是长季节栽培的重要组成部分。易发的病害主要有蔓枯病、炭疽病、疫病、白粉病、枯萎病,易发的虫害主要有蚜虫、红蜘蛛、蓟马。病虫害防治强调预防为主,多种防治措施综合使用。

(六) 小果型西瓜设施栽培

小果型西瓜因果实较小而得名,简称小西瓜。一般单瓜重1~2.5千克。小西瓜果实肉质细嫩,纤维少,含糖量高,口感鲜甜,品质极佳,随着人民生活水平的提高和家庭的小型化,小西瓜已被广大消费者所接受,市场价格看好,种植效益较高,发展甚为迅速,尤其是在大棚覆盖栽培中应用较多。小西瓜生长发育规律、对环境条件的要求基本上与普通西瓜相似,但也有所不同,在种植过程中要掌握小西瓜的特性,采取对应措施,才能发挥其优点,确保其品质和产量。

1. 提早育苗,提早定植

小西瓜单瓜重较小,单位面积产量不及普通中、大果型西瓜,提前上市、争取较高的单价是提高种植效益的关键,因此小西瓜多采用大棚、日光温室多层覆盖早熟栽培方式。为了达到早熟目的,需提早育苗、提早定植。小果型西瓜种子一般较小,种子贮藏养分较少,出土能力弱,子叶小,幼苗生长较弱,尤其早播幼苗处于低温、寡照环境下,易影响幼苗生长,长势明显较普通西瓜弱。育苗期间需使用增温、补光设备,加强苗床温度、光照、湿度管理,以培育适龄壮苗。

2. 合理密植

小果型西瓜多采用多蔓整枝，定植时密度不宜过大，一般每亩定植 400～600 株。吊蔓栽培可以提高小果型西瓜的定植密度至每亩 1 000～1 200 株。但吊蔓栽培需要定期绑蔓，较费工，因此应用受限，生产上小果型西瓜仍以爬地栽培为主。

3. 多蔓整枝，一株多果

小果型西瓜分枝性较强，果实小，果实发育期短，对植株营养生长影响小，因此持续结果能力较强，整枝、留果宜采用多蔓整枝、一株多果的方式。前期以轻整枝为原则，具体留蔓多少与栽植密度有关，密植留蔓少，稀植留蔓较多。目前生产上采用的整枝方式主要有以下两种：一是 6 叶期摘心，子蔓抽生后保留3～5 条生长相近的子蔓，使其平行生长，摘除其余的子蔓及坐果前子蔓上形成的孙蔓。这种整枝方式消除了顶端优势，保留的几个子蔓生长比较均衡，雌花着生部位相近，可以同时开花和结果，果形整齐。二是保留主蔓，在基部保留 2～3 条子蔓，构成 3 蔓或 4 蔓式整枝，摘除其余子蔓及坐果前发生的孙蔓。这种整枝方式使主蔓始终保持顶端优势，主蔓雌花出现较早，可以提前结果。但这种整枝方式影响子蔓生长和结果，结果参差不齐，影响产品的商品率，同时增加了栽培管理上的困难，可能引起部分果实裂果。

小西瓜因自身生长特性和不良栽培条件的影响，前期生长较弱，随着生育期推进和气候条件好转、生长势转强，如不能及时坐果，较易引起徒长。因此，在雌花开放时需进行人工辅助授粉或放蜂授粉。有些小果型西瓜品种的雄花早期发育不完全，花粉量少，影响正常授粉、受精，可配套种植少量在低温弱光下雄花发育正常的西瓜品种，如京欣、早佳，以供授粉之用。

4. 巧施水肥，减轻裂果

小果型西瓜较普通西瓜对肥料的需求量要少，对氮肥的反应比较敏感。氮肥过多，容易引起植株营养生长过旺而影响坐果。因此，基肥的施用量较普通西瓜应减少 30% 左右，嫁接苗施用量可减少 50%。

小果型西瓜果皮较薄，在肥水较多、植株生长势过旺或水分不均匀等条件下，容易引起裂果。在施足基肥、浇足底水和重施长效有机肥的基础上，头茬瓜采收前原则上不施肥、不浇水。若表现水分不足，应于膨瓜前适当补充水分。头茬瓜大部分采收后，第二茬瓜开始膨大时应追肥，每亩施三元复合肥 20～25 千克，在根外围开沟撒施，施后覆土浇水。第二茬瓜大部分已采收，第三茬瓜开始膨大时，按前次施用量和施肥方法追肥，并适当增加浇水次数。由于植株上挂有不同茬次的果实，而植株自身对水分和养分的分配调节能力较强，因此裂果现象减轻。

5. 适时采收

小果型西瓜果实发育较快，在适宜的温度条件下，从雌花开花至果实成熟只需 20 多天，较普通西瓜早熟品种提早 7～10 天。但在早熟栽培条件下，因前期温度较低，头茬瓜仍需 40 天左右方能成熟；气温稍高时，二茬瓜需 30 天左右；其后气温更高，只需 23～25 天即可采收。

（七）嫁接西瓜设施栽培

西瓜设施栽培轮作困难，枯萎病发生概率高，嫁接成为一项广泛应用、效果显著的防病措施，并具有增强西瓜抗逆性，减少肥料、农药使用量，提高设施利用率，增加种植效益的重要作用。

嫁接西瓜基本栽培技术与自根西瓜相似，但嫁接西瓜受砧木根系的影响，生长发育和生理特性较自根西瓜有所改变，种植过程中应采取相应措施，方能发挥其抗病增产作用。嫁接西瓜设施栽培技术要点如下。

1. 适当早播，培育壮苗

由于嫁接苗成活需要一定时间，比起自根苗相对地延长了苗龄，因此在进行设施早熟栽培时播种期较自根西瓜需适当提前，才能达到早熟效果，否则定植期、上市期会延迟。播期早、气温低，育苗过程中需加强苗床管理，创造适宜的环境条件，促进嫁接苗早成活、早恢复生长，以缩短苗龄，保持砧木根系的活力，否则苗龄长，砧木根系老化，定植后不易发棵。

2. 适当稀植，严格整枝

嫁接西瓜较自根西瓜长势旺盛，分枝能力增强，定植时一般要求稀植，根据栽培方式和接穗品种特性可适当调整。若采用小棚覆盖栽培，中、后期温光条件较好，嫁接西瓜长势旺，定植密度以每亩 300～400 株为宜，并采取多蔓整枝，使田间保持一定的叶面积；若采用大棚、日光温室多层覆盖栽培，前期温度较低，一般不易徒长，如果接穗品种长势较弱，可适度提高定植密度，以提高前期产量，增加种植效益，如嫁接京欣一号，在采用大棚覆盖栽培时每亩可定植 600～700 株。

嫁接西瓜不宜用土块压蔓，因为西瓜茎蔓压土后易生出不定根，土中病原菌可通过不定根侵染植株，引起发病。可用枝条或铁丝交叉固定茎蔓，有条件的地方在瓜畦上铺稻草或麦秸，引蔓效果更好。

3. 适当减肥，合理供水

嫁接西瓜由于根系发达、吸肥能力强，基肥过量容易导致生长过旺，影响雌花出现，延迟坐果，因此应适当减少基肥的用量，以控制前期长势。与自根西瓜相比，葫芦砧可减少施肥20%～30%，南瓜砧可减少施肥 30%～40%。果实坐住后，追肥用量根据植株长势灵活掌握。

嫁接西瓜的耐热性、耐旱性不及自根西瓜，在后期高温干旱的情况下，如果供水不足，蔓叶容易萎蔫，影响品质和产量，因此需加强水分管理，保持田间见干见湿。

4. 防止接穗自生根，摘除砧木萌芽

定植时应注意不要栽植过深，嫁接接口距地面 1 厘米以上，防止接穗下胚轴接触土壤而产生自生根，失去嫁接意义。如发生此现象，应将自生根切断，并将周围土壤扒离接穗下胚轴，防止再发生自生根。嫁接苗种植到大田后，砧木仍可萌生出不定芽，应及时摘除，防止影响接穗生长。

5. 综合防病

西瓜通过嫁接可防止枯萎病发生，但如忽视茬口安排，轮作年限不够，会增加疫病、炭疽病、白粉病等发病概率。因此嫁接西瓜仍应采取综合性农业防病措施，并及时使用农药防治，以控制病害。

三、甜瓜设施栽培技术

甜瓜品种类型较多，有薄皮甜瓜、厚皮甜瓜、网纹甜瓜、哈密瓜等之分，不同类型的品种生长发育特性有所区别，针对各种类型的特点形成了相应的栽培模式。

（一）薄皮甜瓜小棚覆盖栽培

薄皮甜瓜起源于印度和我国西南地区，又称香瓜、梨瓜或东方甜瓜。喜温暖湿润气候，较耐湿抗病，适应性强，在我国南北各地广泛种植。采用小棚覆盖栽培薄皮甜瓜一方面能发挥薄皮甜瓜耐逆抗病的优点，另一方面能提早上市期，一般较露地甜瓜提早上市 30～40 天，较单层地膜覆盖栽培提早 15～20 天，由于上市早，品质好，价格高，种植效益较好。

1. 品种选择

小棚结构简单，增温保温效果有限，拆棚后则类似于露地栽培，因此要求品种具有较强的耐低温性、耐湿性、抗病性，且易坐果，果实膨大快，早熟，优质，产量高。薄皮甜瓜果皮较薄，不耐贮运，多为就近销售，且区域市场消费习惯相对固定，因此品种选择时除了考虑品种特性外还需结合当地市场需求。

2. 整地作畦

定植田选择通透性好、土层深厚、肥沃疏松、三年未种过瓜类的沙壤土或壤土。冬前深翻冻垡，春季结合整地施入基肥。整地前每亩撒施腐熟厩肥 3 000 千克，然后深翻、整平。按定植行距开施肥沟，沟内浇足底水，并在沟内集中施肥，每亩施腐熟厩肥 1 500～2 000 千克或腐熟鸡粪 500～800 千克，过磷酸钙 40 千克，尿素 10 千克，使肥土充分混合，再在施肥沟上方起垄作畦。北方地区畦面宽 1～1.5 米（含沟），畦高 15～20 厘米；南方温暖多雨，甜瓜茎叶生长茂盛，畦面宜适当增宽，以 2～2.5 米（含沟 0.5 米）为宜。整平畦面后覆地膜，地膜两侧用土封严，或在定植后再覆膜。插好拱架，扣膜暖地。以上工作需在定植前 5～7 天完成，以提高土温，利于定植缓苗。垄不宜做得过长，以利于防风，垄也比较容易整平，灌水、排水都比较方便。后期不拆除的小棚跨度宜大些，棚底宽 1.2～1.5 米，棚高 0.8～1.0 米，后期拆除的小棚可适当窄一些，棚底宽 0.8～1.0 米，棚高 0.4～0.5 米。南方多雨地区宜选用跨度大的小棚，后期不拆除可用于防雨。

3. 育苗移栽

小棚甜瓜需提早定植，因此需要提早育苗，苗床一般设置在大棚或日光温室内，通过多层覆盖或电热加温。播种时间按定植时间向前推 30～35 天。定植时间以小棚内 10 厘米深处的土壤温度稳定在 12℃以上、幼苗的苗龄达到 30～35 天、生长有 3～4 片真叶为依据。具体定植日期须结合当期的天气情况，选择冷尾暖头晴好天气定植，以利于幼苗活棵。在环境条件、幼苗大小适宜的前提下，定植时间以早为宜，以争取早成熟，早上市。在环境条件和幼苗大小未达到要求时不宜盲目抢早，否则易形成低温冷害，僵苗不发，生长发育延迟，反而达不到早熟的目的。长江中下游地区，小棚薄皮甜瓜一般在 3 月中旬至 4 月初定植。北方薄皮甜瓜定植密度每亩 2 000～2 500 株，南方定植密度每亩 700～1 500 株。

4. 定植后田间管理

（1）小棚温度管理　定植初期外界温度较低，温度管理的重点是防寒保温，如遇寒流和大风天气，夜间可在小棚两侧压草帘保温防风。定植后5～7天是缓苗期，这段时间要紧闭小棚，增温保湿促进缓苗。当晴天中午棚温超过35℃时，要适当放风降温，以防烤苗。缓苗后伸蔓期白天温度控制28～30℃，夜间最低温度不能低于10℃。当棚温超过32℃时开始逐步放风，先在棚两头揭膜放小风，切忌一开始骤然放大通风量，以防冷空气大量进入棚内伤害幼苗。当棚温降至20～22℃时开始关闭风口，以保证夜温不致过低。以后随着外界气温升高可逐渐加大放风量。当地终霜后10天左右，外界气温已能满足甜瓜生长发育的需要，可拆除小棚。南方地区以不拆棚为宜，平时将棚膜推至棚顶，下雨时放下棚膜，可起到防雨的作用，减少病害发生，促进植株生长。

(2) 整枝压蔓　薄皮甜瓜除少数品种主蔓可结果外，大都子蔓或孙蔓结果。小棚栽培多采用双蔓整枝和多蔓整枝方式。

双蔓整枝：当幼苗4～5片真叶时摘心，选留2条长势好、部位适宜的子蔓，分别向两侧定位，子蔓8～12片叶时摘心。子蔓各叶腋都能长出孙蔓，孙蔓第一节有雌花，为保证果实大小均匀，可将子蔓基部子蔓摘除，选子蔓中上部发生的孙蔓留果，并对结瓜的孙蔓留2～3片叶摘心。每子蔓留3个果，当幼果鸡蛋大小时选留好果，每株可结4～5个瓜。

多蔓整枝：适于孙蔓结瓜的品种。当幼苗4～8片真叶时对主蔓摘心，选留3～5条健壮子蔓，均匀引向四方，其余子蔓摘除。以子蔓中上部长出的孙蔓坐果，坐果孙蔓留2～3片叶摘心。子蔓长至适当部位摘心。每条子蔓定留1～2个幼果，每株留4～5个瓜。

甜瓜在整枝时要配合引蔓，大垄双行栽培的采用背靠背对爬，单垄栽培的采用逐垄顺向爬。整枝引蔓过程中要及时摘掉卷须，并将茎蔓合理布局，防止相互缠绕。整枝最好在晴天中午进行，以加速伤口愈合，减少病害感染。在整枝引蔓过程中尽量不要碰伤幼瓜，以防造成落瓜和形成畸形瓜。甜瓜整枝以植株叶蔓刚好铺满畦面又能看到稀疏地面为好，坐瓜后幼瓜不外露。为使植株茎蔓均匀分布，防止风刮乱秧，甜瓜也须压蔓固定。由于甜瓜栽培密度大、蔓短、坐果早、坐果部位距根端近，通常不把蔓压入土内，而是只用土块在茎蔓两侧错开压住瓜叶。瓜田铺稻草或麦秸秆，有利于甜瓜爬蔓，在南方多雨地区还可以防止烂果。

（3）肥水管理　定植时浇足定植水，定植缓苗后至果实坐住前尽量少浇水，防止地温过低，促进根系发育。如定植水不足，可在缓苗后浇少量缓苗水。开花坐果期田间应保持一定湿度，根据土壤墒情浇一次小水。小棚甜瓜果实膨大期尚未进入雨季，而此时是甜瓜需水最多的时期，因此应根据墒情充分供水。可在过道灌水，然后使水自然渗透进畦内。成熟前一周停止灌水。灌水时间在气温较低的季节以中午为宜，而盛夏高温季节以早、晚为宜。

薄皮甜瓜一株多果，连续坐果，连续采收，收获期较长，养分供应不足易导致植株早衰，影响产量，应进行多次追肥以保持植株长势。伸蔓期在地膜边沿开浅沟，每亩施尿素 5～10 千克，过磷酸钙 10～15 千克，施后覆土盖严；果实坐住后离根 30 厘米打孔追肥或溶于水中随水冲施，每亩施尿素 5～8 千克，过磷酸钙 5 千克，硫酸钾 10 千克，或者三元复合肥 10 千克。甜瓜茎叶满园而难于打孔追肥时可采用根外追肥，每隔 7 天左右喷施 0.3％磷酸二氢钾溶液，有利于提高果实品质。

（4）适时采收　南方薄皮甜瓜采收季节经常有雨，若不及时采收会出现裂果、烂瓜或倒瓢，影响商品瓜产量，但若采收过早，含糖量不高，因此需掌握适当的采收时机。薄皮甜瓜自雌花开放至成熟一般需要 25～30 天，成熟时果实皮色鲜艳，花纹清晰，果皮发亮，显现本品种固有色泽和芳香气味，果柄附近瓜面茸毛脱落，果顶脐部开始发软。果实具上述特征时即应采收。

采收一般选择早晨或傍晚瓜温较低时进行，以上午露水稍干后采收为好。薄皮甜瓜皮薄易碰伤，不耐贮运，采收过程中要注意轻拿轻放，采收后及时销售。

（二）薄皮甜瓜大棚、日光温室早熟栽培

薄皮甜瓜一般采用地膜覆盖或小拱棚覆盖栽培，但近年来大棚和日光温室早熟栽培有上升的趋势。薄皮甜瓜耐低温性较强，早熟，较厚皮甜瓜成熟早，上市早，价格高，棚室早熟栽培效益较好。栽培技术要点如下。

1. 品种选择

适于棚室早熟栽培的薄皮甜瓜品种除了要具有早熟、优质、高产的特性外，针对早春棚室的生态条件特点，品种还应具有较强的耐低温弱光性、抗病性，品种株型要紧凑，坐果要集中，以适于密植。

2. 提早育苗

长江中下游地区大棚薄皮甜瓜一般于1月中下旬至2月上旬播种，河北及京津地区日光温室薄皮甜瓜一般于12月中旬播种。苗床需设置在温室或大棚内，采用电热温床营养钵或穴盘育苗，出苗前温度白天保持在28～30℃，夜间保持在15～18℃。出苗后及时揭去地膜，真叶长出前，温度控制在白天25℃左右，夜间13～15℃，防止徒长。真叶长出后适当增温，促进幼苗生长，白天温度控制在25～28℃，夜间15～17℃。定植前一周通风降温，白天温度控制在22～25℃，夜间11～13℃。因使用电热加温，苗床水分蒸发量较大，尤其是使用基质育苗时较易失水干旱，需及时浇水。

3. 定植前准备与定植

定植棚需提前扣棚，以提高土壤温度。结合整地，施足基肥，一般亩施腐熟厩肥3 000～4 000千克，过磷酸钙50～80千克，尿素15～20千克。肥料需与土壤混匀，翻耕深度30～40厘米，然后整地作成高畦。苗龄35天左右，4叶1心，棚室内10厘米土温达到12℃以上为定植适期。爬地栽培时每亩定植1 200～1 500株，直立栽培时每亩定植1 800～2 100株。

4. 定植后管理

（1）温度湿度管理　定植后大棚要密闭增温，白天棚内温度应稳定在 25～30℃，土温应维持在 20℃以上，晴天中午棚室内温度超过 32℃时应揭膜通风，夜间不低于 20℃，促进迅速缓苗。开花坐果阶段，棚室内白天温度需保持 28～30℃，夜温 15～18℃。果实发育后期外界气温逐步回升，当外界温度稳定在 13℃以上时，夜间可不再盖棚和闭棚，以增大昼夜温差，促进果实糖分积累。

通风是调节棚室内温度、湿度的主要措施，是棚室早熟栽培过程中较重要的田间管理环节。定植初期，因棚内外温差很大，通风时应注意由小到大，防止骤然大通风，棚内温度骤降引起闪苗。有风天只开背风面的气口，防止冷风直接吹进棚内。中后期甜瓜植株生长旺盛，要加大通风量，有利于补充棚内二氧化碳，也有利于坐果和果实发育。南方春季阴雨天较多，棚内湿度大，阴雨天时即使棚内温度未达到通风要求，也需短暂通风以降低湿度，防止高湿滋生病害。

（2）整枝　爬地栽培常采用多蔓整枝，即在 4～6 片叶时对主蔓摘心，选留 3～4 条健壮子蔓，其余子蔓摘除。待子蔓长出 7～8 片叶时摘心，促进孙蔓萌发和生长，孙蔓结果后，每条孙蔓留 3～4 片叶摘心，促进果实发育。当果实膨大后，植株营养生长变弱时，停止摘心。基部老叶易于感病，应及早摘除，还可疏去过密蔓叶以利通风透光。薄皮甜瓜较易坐果，一般每株留果 4～6 个，其余幼果应及时疏去。

直立栽培时可采用单蔓整枝或双蔓整枝。单蔓整枝适于子蔓结瓜的品种，当主蔓长到 20～25 片叶时摘心，在第 8～17 节子蔓上留瓜，瓜前留 1～2 叶对孙蔓摘心，每株留 3～4 个果，定瓜后其余子蔓及时摘除，主蔓顶部保留 1～2 条子蔓以保持生长势。双蔓整枝适于孙蔓结瓜的品种，在幼苗 4～5 片叶时摘心，选留 2 条健壮子蔓生长，子蔓 20～25 片叶时对子蔓摘心，子蔓 4 节以下的孙蔓摘除，选 5 节以上的孙蔓坐果，每条子蔓留 3～4 个果，每株留 6～8 个果，其余孙蔓及时摘除。坐果孙蔓瓜前留 2～3 叶摘心。

整枝应掌握前紧后松的原则。子蔓迅速伸长期必须及时整枝；孙蔓发生后抓紧理蔓、摘心，促进坐果，同时酌情疏蔓，促进植株从营养生长为主向生殖生长过渡；果实膨大后根据生长势摘心、疏蔓或放任生长。整枝应在晴天中午或下午气温较高时进行，伤口愈合快，减少病菌感染。阴雨不适合进行整枝。

（3）人工辅助授粉　薄皮甜瓜棚室早熟栽培，开花坐果早，昆虫活动少，必须进行人工辅助授粉，方能确保坐果。在预留节位的雌花开花时，采摘当天开放的雄花去掉花瓣露出雄蕊，把花粉均匀地涂抹在雌花柱头上，看到柱头上有花粉即可。每天上午 10 时之前授粉较易坐果。授粉时对授粉日期进行标记。有条件的地区可放蜂授粉。

（4）肥水管理　棚室早熟栽培甜瓜生长前期温度低，蒸发量少，需水量少，不宜大水灌溉，否则易降低土温。开花坐果期需控制水分，保持田间湿润。膨瓜期肥水需求量大，结合浇水每亩施硫酸钾 15～20 千克，三元复合 20～30 千克。生长期间还可叶面喷施 0.2％磷酸二氢钾溶液进行根外追肥。采瓜前 7～10 天停止浇水。浇水宜采用膜下沟灌或膜下滴灌，切忌大水漫灌，尤其是生长中后期，易诱发病害。

5. 适时采收

甜瓜成熟度可根据授粉日期或果实特征进行判断。薄皮甜瓜过熟易产生裂纹，影响贮藏、销售，可在九成熟时提前采收。采收后根据果实大小、外观分级，以争取更好的收益。

（三）厚皮甜瓜大棚、日光温室早熟栽培

厚皮甜瓜对环境条件要求严格，露地栽培只限于新疆、甘肃等干旱地区。大棚、日光温室为厚皮甜瓜创造了播种育苗、生长发育的适宜条件，是我国厚皮甜瓜的主要栽培方式。大棚春茬和

日光温室冬春茬厚皮甜瓜上市早，价格高，种植效益颇丰。

1. 品种选择

大棚、日光温室早熟栽培的目的就是要争取早成熟、早上市，以获得高收益，因此宜选用早熟或中早熟品种，要易坐果、产量稳定、果形好、品质优良，要具有较强的耐低温性、耐湿性、抗病性，以适应大棚、日光温室冬春季低温、高湿的生态环境特点。

2. 育苗

大棚、日光温室早熟栽培甜瓜播种期早，环境温度低，育苗难度大，因此育苗是甜瓜早熟栽培的关键环节之一。播种期因各地气候条件不同而有较大差异，总体上是以当地适于定植时间向前推 30～35 天。在适播期内要尽量早播种，以达到早定植、早上市的目的，否则失去大棚、日光温室早熟栽培的意义。在多雨地区，厚皮甜瓜在雨季到来之前采收上市也是确定播种期所需考虑的因素之一。河北及京津地区，日光温室甜瓜一般于 12 月上中旬播种，也有抢早提前到 11 月下旬播种的。长江中下游地区，大棚甜瓜一般于 1 月下旬至 2 月上旬播种。

大棚、日光温室甜瓜育苗苗床的设置、制作以及苗床管理与西瓜早春育苗时相似。苗床需设置在大棚或日光温室内，并且要具有加温设施，最为常用的加温设施为电热线。甜瓜根系不耐损伤，因此需采用营养钵或穴盘育苗。温度、湿度调控是苗床管理的重点。出苗前要保持较高的床温，保持白天气温 28～32℃，夜间 17～20℃。出苗后适当降温，以防止徒长，白天气温保持在 22～25℃，夜间 15～17℃。真叶出现后应适当提高温度，白天气温保持 25～28℃，夜间 17～19℃。当棚温达到 28～30℃时开始通风，防止高温窜苗，并有利于降湿。前期苗床内湿度往往偏高，可以撒些干土或草木灰吸收部分湿气。在底水充足的前提下控制浇水量，干旱时浇小水。

3. 定植前准备与定植

前作出茬后进行深翻，耕作层深度要求 30～40 厘米。结合整地施足基肥,每亩施腐熟厩肥 4 000～5 000 千克,磷酸二铵 50～60 千克,硫酸钾 30 千克,施肥后需翻耙两次使肥料与土壤混匀。

畦面宽度因栽培方式不同而不同。爬地栽培时畦面宽1.5～2 米,畦间沟 50 厘米。直立栽培时,畦面宽 1～1.2 米,畦高25～30 厘米,畦间沟 50～70 厘米。地膜可于定植前覆盖,覆膜前一次性浇足底水,也可于定植后覆盖。棚室要早做准备,提前扣上棚膜,日光温室草苫要早揭晚盖,以提高棚内温度。

甜瓜苗龄 30～35 天、具 3～4 片真叶、棚内 10 厘米深土温稳定在 15℃以上时可进行定植。具体定植日期要结合当地天气,一定要等寒流天气过去后再定植。定植时株距根据整枝方式和品种特性适当调整。爬地栽培,单蔓整枝时株距要小一些,以20～30 厘米为宜,双蔓整枝时以 30～40 厘米为宜。直立栽培,一般采用双行定植单蔓整枝,少量也有单行定植双蔓整枝,株距都为40～55 厘米。株型紧凑的品种可适当密植,株型松散的品种则适当稀植。基肥充分、土壤肥力高,则需适当稀植,否则需适当密植。定植后浇足定植水,若定植前未覆盖地膜,定植后则需及时覆膜,以增温保湿。定植期较早时,大棚或温室内还需拉二道幕,定植行上架设小拱棚,以增强夜间保温效果。

4. 田间管理

(1) 温度管理　定植后至活棵这一阶段温度管理主要以提高温度促进缓苗为主。棚室内的温度不超过 30℃,可以不通风;夜间根据定植时间和天气情况,夜温较低时在小拱棚上覆盖草帘或无纺布保温。缓苗后,白天逐渐揭掉小拱棚膜,让瓜苗见光,夜间再盖好。天气温度稳定转暖后可全部拆除小拱棚。缓苗后,为防瓜秧徒长,要适当放风降温。一般温度上升到 28℃时开始放风。开始通风时,通风口要小一些,以通风后棚温不明显下降为宜。随着棚温持续升高,逐渐加大通风口,直至温度稳定在

28～30℃，下午棚温降到 20～22℃后关闭通风口保温。甜瓜进入开花坐果期后要加强放风管理，降温控湿，防止化瓜。大棚内上午温度保持在 25～28℃，下午棚内 18～20 ℃时关闭通风口，夜温控制在 15～17℃。加大昼夜温差，严防徒长。随着外界温度升高，棚室内温度条件完全可以满足甜瓜生长的需要，当夜间最低气温稳定在 13℃以上时，可昼夜通风。同时为加强中午通风，大棚南北面都要开门，放对流风。

（2）吊蔓整枝　甜瓜采用直立栽培能增加定植密度，提高单位面积产量，以更高效地利用大棚或温室设施。但直立栽培需要持续进行吊蔓管理，较费工，在劳动力日益紧缺的情况下，大面积实施日益困难。大棚厚皮甜瓜更多地采用爬地栽培，但日光温室厚皮甜瓜还是以直立栽培为主。

若采用直立栽培，当幼苗长出 6～7 片或蔓长达到 30～40 厘米时需进行吊蔓管理。传统的做法是利用竹竿搭成人字架以固定瓜蔓，但竹竿成本较高，现在较普遍应用的是尼龙绳或细麻绳牵引瓜蔓。在甜瓜定植行上方和根边，上下各拉一道铁丝（下道铁丝可以用较粗尼龙绳替代），把吊绳上端和下端分别固定在铁丝（或塑料绳）上，吊绳不要拉得太紧，要留一些松度，以便缠绕瓜蔓，使瓜蔓沿着吊绳向上生长。双蔓整枝则每棵甜瓜系两根吊绳，使两条蔓分成 V 形向上生长。上午甜瓜茎蔓比较脆，吊蔓管理宜在午后进行，在操作过程中要尽量避免扭伤、折断瓜蔓。注意理蔓，使叶片、果实等在空间合理分布。同时要摘除卷须，防止养分空耗。坐果以后将新生的雌、雄花摘除。随着植株生长要摘除基部老叶，以利地表通风，减少养分消耗。

甜瓜茎蔓分枝性很强，如不及时整枝摘心、营养生长过于旺盛，将会影响开花结果，延迟坐果期和成熟期。棚室内空间小、栽培密度大，为充分利用空间、获得理想的单瓜重量和优良品质，必须实行严格整枝。厚皮甜瓜直立栽培主要采用单蔓整枝，也可采用双蔓整枝，爬地栽培主要采用双蔓整枝。

单蔓整枝：单蔓整枝相对易操作，好管理，果实品质佳。当主蔓长至 25～30 节时打顶，摘除坐果节位以下子蔓，小果型品种坐果节位以 8～12 节为宜，中果形品种坐果节位以 12～15 节为宜，坐果节位上生出的子蔓留作结果蔓，结果蔓在雌花前保留 2 片叶摘心，主蔓最高节位留 1 条子蔓保持植株生长势，其余子蔓摘除。

双蔓整枝：幼苗 4 片叶时摘心，当子蔓长到 15 厘米左右，选留 2 条健壮子蔓，其余子蔓全部摘除。然后在每条子蔓中部第 8～13 节处选留 3 条孙蔓作为结果蔓，每条结果蔓在雌花前保前留 2 片叶摘心。子蔓 20～25 节左右摘心，摘除结果蔓以上的孙蔓。

甜瓜整枝宜采用前紧后松的原则，即坐瓜前后严格进行整枝打杈，对预留的结果蔓在雌花开放前 3～5 天，在花前保留 2 片叶进行摘心。瓜胎坐住后，在不跑秧的情况下，可不再整枝，任其生长，以保证有较大的光合面积，增强光合作用，促进瓜胎膨大。整枝要在晴天下午进行，以促进茎蔓伤口愈合。阴雨天由于棚内湿度大，茎蔓伤口不易愈合，易滋生病害。

（3）授粉留瓜　大棚、温室内昆虫活动少，甜瓜开花后必须进行人工辅助授粉。在预留节位的雌花开放时，于上午 8～10 时用当天开放的雄花给雌花授粉，也可用毛笔在雄花上蘸取花粉然后轻轻涂抹在雌花柱头上。授粉后做好授粉日期标记，以便于判断成熟期，方便采收。

当幼果鸡蛋大小时，应当选留瓜，以促进果实发育，提高商品瓜率。留瓜的原则是选择果形端正、果柄较粗、符合品种特征、大小相似、无病虫伤害的果实保留，其他幼果及时摘除。留果数量与品种果形大小有关，小果型品种每蔓可留 2 果，中果形品种每蔓只留 1 果。

直立栽培时，当幼瓜长至 0.2 千克左右时开始吊瓜以减轻茎蔓负重。用细绳绑住果柄靠近果实的部位，将瓜吊到架竿或铁丝上，吊瓜的高度应尽量一致，以便于管理。爬地栽培时则需进行垫瓜、翻瓜管理，以消除果实阴阳面，提高果实商品性。

（4）肥水管理　定植后随即浇足定植水，缓苗后复水，促进活棵。前期瓜苗需水量少，地面蒸发量也小，如果土壤不是太旱，直到坐瓜时不再灌水；适当蹲苗，促进瓜秧根系下扎。果实膨大期需水量大，一般浇 2～3 次水，每次水都要灌足。浇水时最好采用滴灌或膜下暗灌，大水漫灌容易造成土传病害快速传播，尤其是在生长后期很容易诱发蔓枯病。底肥充足时，缓苗后至坐瓜前可不追肥，否则应在瓜秧伸蔓前施一次催蔓肥，每亩冲施尿素10～15 千克，磷酸二铵 10～15 千克。膨瓜期是植株需水需肥最多的时期，每亩随水冲施硫酸钾 10～15 千克，磷酸二铵 15～20 千克。如果采收期不集中，头茬瓜采收后、二茬瓜坐瓜时，结合灌水再施一次肥。生长期内可喷施 2～3 次 0.2% 磷酸二氢钾溶液，能防止植株早衰，提高果实品质。甜瓜定个后，停止灌水，促进糖分转化、果实成熟，否则将影响果实的品质和风味。

5. 采收

一般早熟品种开花后 30～35 天成熟，中晚熟品种开花后35～40 天成熟。成熟果实会呈现品种固有特征，如果皮颜色、果皮硬度、网纹形状、芳香味等，据此可判断成熟度，再根据销售远近和贮藏等不同需要决定采收期，远运外销的瓜，在八九成成熟时采收，本地或近距离销售的瓜，采收期可稍晚些。采收时用剪刀将果实连带坐果枝剪下，剪去叶片，使每个果实带 1 个 T形果柄和果梗。采收后分级装箱销售。

（四）厚皮甜瓜秋延后设施栽培

利用大棚、日光温室可进行厚皮甜瓜秋延后栽培，有利于延长甜瓜的供应期，管理得当也能获得较高的经济效益。但因甜瓜生长前期处于高温多雨季节，病虫害较严重，生长后期温度渐低又易影响果实膨大成熟，厚皮甜瓜秋延后栽培难度较大，管理要求较严格，生产上应用面积较小。

1. 品种选择

因秋延后甜瓜生产中病害较易发生，因此应重视选用抗病品种；同时为了延长市场供应期，要特别注意选用耐贮性较强的品种，如状元、蜜世界、伊丽莎白等。

2. 培育壮苗

秋延后栽培甜瓜，播种不宜过早，因温度高，幼苗易感病；播种太晚，后期温度低，影响果实成熟。因此，需根据当地气候条件，结合市场需求选择适宜的播种期。大棚秋延后厚皮甜瓜一般在 6 月下旬至 7 月中下旬播种，日光温室秋延后甜瓜一般在 8 月上中旬播种。育苗期正值高温多雨季节，高温高湿下育苗，管理不当容易造成高脚苗，影响幼苗素质，因此育苗过程中尤其要注意降低温度控制湿度。苗床一般设在通风条件良好、保留天膜能遮阴避雨的大棚内，或新搭的防雨棚内。棚膜上面可于上午 10 时至下午 3 时覆盖遮阳网或草帘等遮阳物，以遮阴降温，但要注意不要过量遮阴，定植前要让瓜苗多见直射光，防止瓜苗徒长。苗床周围的杂草要及时清除，周围的作物要喷药防治蚜虫，以减少蚜虫传毒。因遭雨淋的瓜苗易感染苗期病害，为此苗期要注意防雨。夏季气温高，水分蒸发快，不宜过分控制水分，要视苗床的湿度情况及时浇水；也可用 0.2% 的尿素或 0.2% 的磷酸二氢钾溶液进行 2～3 次叶面追肥，促苗健壮。苗期还要喷洒 600～800 倍液百菌清等药剂，预防病害。

3. 定植后管理

秋延后甜瓜苗龄 15 天左右，2 叶 1 心即可定植。定植密度较春茬适当减小，保证田间通风良好以利于控制病害。定植后棚室应盖好棚膜，这样既便于防雨防风，又利于缓苗。为避免棚内温度过高，大棚可将两侧裙膜落地，日光温室将上下棚膜都揭开，以便通风降温。遇雨天应将棚膜盖好，防止雨水淋到瓜秧引起病害。9 月下旬天气转凉，夜间应将所有棚膜盖好。进入 10 月中下旬，气温进一步下降，棚室内夜间温室低于 15℃时，要及时覆盖草帘保温。放草帘的数量根据棚室内夜间所能达到的温度掌握，要求夜间温度保持在 12～15℃。

甜瓜进入伸蔓期后植株生长迅速而旺盛，而此时棚室内温度偏高，肥料分解快，土壤有效养分常常不足，因此应施一次促秧肥，为日后坐果和果实膨大奠定基础。可在甜瓜附近开一条浅沟，每亩施硫酸铵 15～20 千克或尿素 7.5～10 千克，施肥后浇水。开花到坐果前需控制浇水量，以防止植株旺长，影响坐果。果实坐住后，每亩施复合肥 20～25 千克，后期进行叶面施肥，以促进果实膨大。整枝、吊蔓、人工辅助授粉以及留果等管理与春茬基本相似。

4. 病虫害防治

能否及时控制和预防病虫害是秋延后甜瓜栽培成败的关键。开花坐果前，高温干旱或暴雨，虫害特别是蚜虫、白粉虱、菜青虫猖獗，易发生病毒病；坐果后植株长势渐弱，易感染白粉病、霜霉病以及角斑病等。因此，要密切注意病虫动态，采取综合防治措施，以有效控制病虫害。

（五）网纹甜瓜设施栽培

网纹甜瓜是厚皮甜瓜的一种类型，因其外观有网纹而得名。网纹甜瓜含糖量高，风味美，香气浓，耐贮运，而且外观珍奇而美丽，因此是厚皮甜瓜中的高档品种。网纹甜瓜栽培条件较一般厚皮甜瓜要求高，设施栽培技术要点如下。

1. 培育壮苗

网纹甜瓜育苗与一般甜瓜育苗相似，但更需加强温度调节。温度对花芽分化和雌花形成有极大影响，苗期短时间遇到 30℃以上高温，植株易雄花化，雌花分化少或节位高。春季育苗时在30～32℃下催芽，出苗后降至 28℃，露心后降至 25℃，真叶展开 2 片时降至 20～22℃，真叶展开 3 片时降至 18℃。

2. 施足基肥，合理密植

网纹甜瓜侧根大多分布在 30 厘米土层内，好气性强，要选耕作层深厚、孔隙度高、富含有机质、排水良好的沙壤土为定植地块。一次性施足基肥，一般亩施腐熟厩肥 4 000 千克，过磷酸钙 50 千克，硫酸钾 25 千克。3～4 片叶时定植，高垄地膜覆盖。网纹甜瓜长势强，宜适当稀植，直立栽培每亩 1 200～1 300 株。定植后棚室白天保持 28℃左右，夜温保持 13℃以上。

3. 及时整枝摘心

网纹甜瓜以主蔓整枝、子蔓结果为主，通常留第 12～17 节的子蔓结果。真叶达 17 片时摘心，保持主蔓真叶 24 片左右（保证坐果节以上有 7～8 片叶），摘除基部老叶，坐果子蔓雌花前留 2～3 片叶摘心。

4. 促进坐果，及时疏果

花期人工辅助授粉，或于开花前 2～3 天放蜂进棚；果实鸡蛋大小时疏果，一株留一果，同时摘除所有雄花。

5. 以水促肥，精心调理

肥水管理对网纹甜瓜果实网纹形成以及网纹是否美观有很大影响。果实膨大初期（鸡蛋大时）开始灌水，以少量多次为原则。纵向裂纹出现时原则上控水，横向裂纹出现时（开花后约 20 天）加大灌水量，网纹初现后灌水量逐渐减少，视植株长势而定。网纹形成后（开花后约 30 天）进入果实充实期，停止灌水，使果实积累较多糖分，增加含糖量。晚熟品种雌花开放后 55～60 天采收，早熟品种雌花开放后 40～45 天采收。

（六）南方哈密瓜设施栽培

哈密瓜原产于新疆高温干燥地区，是我国特有的种质资源，因其甜度高、风味佳，素有"瓜中之王"的美称。传统的哈密瓜品种对温度、湿度的要求较高，因此长期以来哈密瓜只限于在我国西北干旱、半干旱地区种植。自 20 世纪 90 年代以来，一批耐湿、抗病、耐弱光的哈密瓜品种相继育成，加之设施的发展，哈密瓜得以在我国南方和东部沿海地区种植。南方和东部沿海地区哈密瓜大棚栽培技术要点如下。

1. 品种选择

选低温适应性强、耐湿、抗病、品质佳、高产的品种，如雪里红、98‐18、东方蜜1号等。

2. 育苗

哈密瓜育苗与一般甜瓜育苗基本相似。哈密瓜对低温和弱光较敏感，长期低温或弱光会引起叶片黄花、幼苗瘦弱，因此需要精心按照技术规范进行苗床管理，培育壮苗。一般早春哈密瓜于1月中旬至2月播种，不宜过早或过迟。过早播种，气温太低，育苗和定植后的管理都较困难；过迟播种，则上市期晚，有可能会和新疆原产地哈密瓜上市期冲突，影响种植效益。

3. 前期准备工作

竹木大棚或钢架大棚早春种植要求至少三膜以上覆盖（大棚膜＋小拱棚膜＋地膜）。一般宽度4.5米以下的大棚采用爬地式栽培，宽度6米以上的大棚采用直立栽培。爬地栽培时，棚内作畦2条，畦宽2.0米左右，中间开0.3～0.4米宽的沟；直立栽培时，棚内作畦3条，每畦宽1米，畦高0.2～0.25米，畦间沟宽0.4～0.5米。畦面呈龟背形，三沟配套，棚外沟要深，做到雨停水干，以防棚内湿度过高。有条件的地区应使用膜下滴灌，更有利于控制棚内湿度。

4. 水肥管理

要重施基肥，且以有机肥料为主，春季栽培时，每亩施腐熟厩肥1 500～2 000千克或饼肥200～250千克，磷酸二铵10千克，硫酸钾20千克。有机肥应全层深施，各种化肥混合后，集中开沟深施于距定植行15～20厘米深处。施足基肥后，生长期一般不必追肥。但在基肥不足、有缺肥现象时，于坐果初期每亩施混合饼肥30～40千克，加磷酸二铵5～10千克，深施于离根30厘米左右的地方；生长中后期可结合防病，适量喷施叶面肥。

果实膨大初期，土壤相对含水量应达到70%～80%，含水量不足时需膜下灌水1～2次。坐果25～30天后要适当控制土壤相对含水量，控制在 60%～70% 为宜。这段时期不能再灌水，以免引起裂果和品质降低。

5. 整枝与授粉

直立栽培采用单蔓整枝，当主蔓伸出 30～40 厘米时吊绳引蔓。主蔓 18～20 节时摘心，第 12～15 节上伸出的子蔓留 2 叶摘心，作为结果枝。除保留顶部 2 个子蔓外，其余节位上伸出的子蔓全部抹除。每株留一个果。爬地栽培一般采用双蔓整枝方式，4 真叶时摘心，选留 2 条生长一致的强壮子蔓，其余及时摘除，在子蔓第 9～12 节选留 1～2 个发育良好的孙蔓坐瓜，坐瓜孙蔓在瓜后留 2 叶摘心，第二批瓜可在 20～22 节坐瓜，子蔓在第 25 叶左右节位打顶。

棚室栽培条件下，不利昆虫自由出入，需进行人工辅助授粉。人工辅助授粉可于上午 8～10 时进行。放蜂辅助授粉，应在留果节位两性花开放初期进行。当幼果长到鸡蛋大小时，按计划留果数，保留果形规整、大小相近的瓜，其余全部摘除。

6. 病害防治

蔓枯病是东部沿海地区哈密瓜最易发生、为害最为严重的病害。不同的哈密瓜品种对蔓枯病的抗性不同，98-18 对蔓枯病的抗性强于雪里红，东方蜜 1 号也具有较强的蔓枯病抗性。开花坐果期是蔓枯病的盛发期，控制田间湿度、增加通风透光，对抑制病害发生有明显效果。因此，哈密瓜生长中后期严禁采用田间漫灌方式浇水，提倡使用膜下滴灌。蔓枯病发病初期，可用 75% 甲基托布津或 50% 百菌清 800 倍液、60% 防霉宝 500 倍液交替喷雾防治。对整枝形成的伤口用 1:50 倍甲基托布津或敌克松拌成药糊及时进行涂药处理，有利于预防病害。在田间病株较少或天气不利于喷药时，也可对病斑进行涂药处理。

（七）甜瓜有机生态型无土栽培

有机生态型无土栽培是指不用天然土壤而使用基质，不用传统的营养液灌溉而使用有机固态肥，并直接用清水灌溉作物的一种无土栽培技术。与传统的无土栽培相比，有机生态型无土栽培无需配制营养液，操作管理大大简化，成本降低，对环境无污染。有机生态型无土栽培技术在甜瓜生产中已有一定的应用，尤其是在我国南方地区应用较多，能有效克服土地资源限制和土壤连作障碍，提高设施利用效率和甜瓜种植效益。

1. 配制栽培基质

栽培基质一般采用混合基质加有机肥的方法配制。混合基质由有机物与无机物混合而成，以克服单一基质在保水性、通气性等方面的不足。基质原料取材广泛，如玉米、稻麦秸秆、蘑菇渣、椰糠、蔗渣、酒糟、锯末等有机物和蛭石、珍珠岩、炉渣、沙等无机物。有机物在用于配制基质前需进行破碎、发酵、消毒处理。

常采用的混合基质有以下几种配比，如：蘑菇渣：秸秆：河沙：炉渣＝4：2：1：0.25；蘑菇渣：河沙：炉渣＝4：1：0.25；椰糠：河沙＝4：1；草炭：蛭石：珍珠岩＝1：1：1等。在每立方米混合基质中加 10～20 千克高温消毒鸡粪作底肥，另加三元复合肥 1～2 千克、过磷酸钙 0.5 千克、硫酸钾 0.5 千克、磷酸二氢钾 0.5 千克，充分混匀。栽培基质 pH6.0～6.5 为宜，偏酸或偏碱都不利于植株对养分的吸收。

2. 建造有机生态型无土栽培系统

（1）栽培槽　栽培槽多是以红砖垒成，也可用木板或泡沫板制作，只要能固定基质，不使基质散落即可。栽培槽设于日光温室或大棚地面上，南北走向，槽内径宽 45～50 厘米，高 20～25 厘米，长 10～20 米，槽间距 60～70 厘米，槽的坡度至少为 5‰，以便排水、通气。为了防止渗漏并使基质与土壤隔离，通常在槽底铺 1～2 层塑料薄膜。槽内装填基质深度约 20 厘米。槽间铺地膜或稻草、锯末等保持田间干燥、清洁。

（2）供水系统　甜瓜有机生态型无土栽培技术一般通过软管滴灌浇水，可由自来水管直接供水，或建造蓄水池通过水泵供水。若以河水为水源，则需安装过水泵过滤器以清除水中杂质，避免滴灌带堵塞。每个栽培槽中开一条小沟，铺设 1～2 条滴灌带。

3. 有机生态型无土栽培管理技术

有机生态型无土栽培相对而言投资较大，因此需选择优质高档甜瓜品种，一般为厚皮甜瓜品种，同时要求品种适应棚室生态环境条件，具有较强的抗病性、耐低温、耐湿、耐弱光，早熟或中熟，外形美观。在栽培季节方面要适当提早或延迟，以避开一般甜瓜上市期，争取较高的价格，保证较高的种植效益。

在栽培管理过程中，育苗、定植、温湿度调节以及植株调整等栽培管理措施与一般棚室土壤栽培相似，但在肥水管理方面存在一些区别。定植前把基质浇透，使基质达到饱和含水量。活棵后保持基质含水量 60%～80%。植株 7～8 片叶时，利用软管滴灌，每次每株 2 升，至开花浇水 2～3 次，阴雨天不浇或减少水量。开花前 5～7 天施肥，每亩施 75 千克消毒鸡粪和 25 千克三元复合肥，施于距根系 5 厘米处。果实鸡蛋大小时留果，并追施消毒鸡粪和三元复合肥，用量同上，并每株浇水 2～3 升。果实膨大期，每株每次浇水 2 升，3～5 天一次，并视植株长势和天气状况调整浇水量和浇水频率。果实膨大期还可用 0.2%～0.3% 磷酸二氢钾溶液根外追肥 1～2次。果实定个后减少浇水次数，以促使糖分积累。

甜瓜生长中后期植株长势旺盛，浇水次数增多，棚室内通风性能下降，湿度升高，易诱发蔓枯病、白粉病和霜霉病等病害，应采取综合措施加以防控。栽培床面要用薄膜严密覆盖，减少水分蒸发。浇水量要合理控制，不让地面积水。严格整枝打杈，逐步摘除基部老叶，使植株间充分通风透光。每天检查田间发病情况，在蔓枯病开始发病时即用 70% 甲基托布津可湿性粉剂或25% 多菌灵可湿性粉剂调成糊状涂抹发病部位，防止蔓延。白粉病、霜霉病局部开始发病时即喷药防治 2～3 次。白粉病可用40% 杜邦福星乳油 6 000～8 000 倍液或 25% 腈菌唑乳油 1 000 倍液喷雾，霜霉病可用 64% 杀毒矾粉剂 600～800 倍液或 72% 杜邦克露可湿性粉剂 1 000 倍液喷雾。

第四章

西瓜甜瓜病虫害综合防治技术

西瓜、甜瓜的整个生长期中均会发生病虫害，南方雨水偏多，尤其是保护地栽培条件下，高温高湿，更易诱发多种病虫害。西瓜、甜瓜常见的病虫害种类基本相似，但某些病虫害在西瓜或甜瓜上危害的严重程度不等。西瓜、甜瓜苗期主要病害有猝倒病和立枯病，生长中后期主要病害有炭疽病、白粉病、病毒病、霜霉病、蔓枯病、枯萎病、疫病等。虫害主要有黄守瓜、蚜虫、潜叶蝇、瓜叶螨、温室白粉虱、瓜绢螟等。

一、病虫害综合防治

危害西瓜、甜瓜的病虫种类多，有时同时受几种病虫的侵害，严重威胁西瓜、甜瓜生产，是当前西瓜、甜瓜产量不高不稳的主要因素。因此，必须根据当地病虫害的种类、发生规律，总结制定一套行之有效的病虫害综合防治措施。

（一）农业防治

1. 集中种植，分区轮作

西瓜、甜瓜的轮作周期旱地 5 年以上，水田 3 年。为了严格实行轮作，西瓜、甜瓜的栽培面积只能占农田的 10%～15%。提倡集中种植，分区轮作，以便于农田排灌，减少因灌溉水传播病害。

2. 清洁田园，减少病虫源

清除田间和瓜田附近杂草，减少虫源和病源。在生长期间发现病株、病叶，应及时整枝，剪下瓜蔓、病叶，带出瓜田，集中烧毁。

3. 种子处理

选用抗病品种和健株种子，进行种子消毒以杜绝因种子带菌而感染病害。

4. 施用腐熟农家肥

牛、羊、鸡等畜禽粪、土杂堆肥等应高温发酵后应用，或暴晒后堆制，以减少虫卵和病菌，杜绝肥料带菌而引起发病。

5. 培养无病健苗

采用无病培养土，床土消毒及苗床防病等措施，避免因幼苗带菌而引起病害的发生。

6. 加强田间管理

从开沟排水，铺设地膜，合理施肥，增加磷、钾肥等方面着手，促使植株健壮生长，提高植株抗病能力。在整枝、压蔓及人工授粉时，应防止操作过程中传播病害。

7. 调节土壤酸碱度

酸性土壤有利于大多数病菌生长，因此对酸性土壤可施石灰予以调节酸碱度。

（二）物理防治

1. 建防虫网

在大棚的通风口覆盖防虫网。

2. 设黄板、蓝板诱捕

黄板、蓝板诱捕蚜虫、粉虱、斑潜蝇、蓟马等害虫。大小为40厘米×25厘米黄、蓝板，每亩各悬挂 20 片左右，均匀分布，悬挂高度超过植株顶部 15～20 厘米。

3. 灯光诱集

在发蛾盛期，在产区设置 20 瓦黑光灯诱杀小菜蛾等。

（三）药剂防治

药剂吸收快，防治效果好，使用方便，不受地区和季节限制，是综合防治病虫害的重要环节。

1. 选用的农药要有针对性

对症下药才能发挥药效，最好选用同时能防治几种病害的农药，如多菌灵、甲基托布津等。

2. 贯彻防重于治的方针

防病是根据药剂的有效期定期喷药，起到预防的作用。治病则应早发现，早治疗，把病虫消灭在初发阶段，防止扩大蔓延，节约用药，减少污染。因此，应经常检查，发现中心病（虫）株，及时用药。盛发期则应重点防治，如南方梅雨季节炭疽病发展迅速，则应增加喷药次数，采取雨前防病，雨后治病。

3. 正确掌握用药浓度

过稀药效低，过浓造成药害而影响植株生长。一般前期浓度低些，生长中后期浓度高些。此外，应掌握正确的配制方法，如波尔多液防治炭疽病效果很好，有效期较长，但配制不当易造成药害，或喷洒困难。

4. 轮换使用农药

经常使用一种药剂，会降低防治效果，交替使用几种农药可避免病虫产生抗药性。

5. 农药、化肥混用

提倡杀菌剂、杀虫剂与叶面肥混用，达到既防治病虫，又增加植株的营养，提高工效。混用时应注意药品的酸碱性质，以免相互影响效果。

6. 安全用药，减少污染

操作人员应戴口罩、防风镜、手套等防护用品，并顺风喷药；配制和施用应严格按操作规程进行，防止事故发生。禁止使用剧毒农药，结果期停用残效期长的农药，以防污染。

二、西瓜、甜瓜主要病害识别与防治

（一）猝倒病

猝倒病是西瓜、甜瓜苗期的主要病害，在设施育苗时尤为常见。发病初期在瓜苗茎基部近地面处出现水渍状病斑，接着病部渐渐变为黄褐色，幼茎干枯、缢缩，病苗因基部腐烂而猝倒，一拔就断。该病发展较快，常发生病苗已猝倒，而子叶仍为绿色，尚未萎蔫的现象。有时幼苗出土前就感病，子叶变褐腐烂，造成缺苗。苗床中初期只见个别苗发病，几天后即以此为中心蔓延，引起成片幼苗猝倒。土壤湿度大时，被害幼苗病体表面及附近土表会长出一层白色絮状菌丝。

病原为瓜果腐霉菌。病菌以卵孢子或菌丝体在病残体中或土壤表土层越冬，翌春条件适宜萌发产生游动孢子囊，以游动孢子或直接长出芽管侵入寄主。病菌生长适宜地温 15～16℃，温度高于 30℃受到抑制；试验发病地温 10℃，低温对寄主生长不利，但病菌能活动，故易发病。因此，早春育苗时，若苗床温度偏低、光照不足、通风不良、湿度大，则猝倒病容易发生。

防治方法：

（1）病菌可随病株残体在土壤中长期存活，因此育苗时应取多年未种过瓜类和蔬菜的土壤作为营养土，晒干打碎。营养土中施入适量石灰或草木灰调节酸碱度，可减轻此病发生和危害。

（2）土壤消毒。在播种前一天用 50%多菌灵 500 倍液浇透营养钵，待土面干后再播种，或者用 50%多菌灵粉剂 500 克加上细土 100 千克混合均匀，制成药土，播种后盖住种子。

（3）苗床设在地势较高处，控制苗床浇水，采用覆盖干细土，增加通风等措施，降低苗床湿度。

（4）苗床发现病株及时拔除，防止蔓延，并用 64%杀毒矾可湿性粉剂 500 倍液或 58%瑞毒霉锰锌可湿性粉剂 600 倍液、50%多菌灵可湿性粉剂 500 倍液喷雾。

（二）立枯病

立枯病是西瓜、甜瓜苗期的常见病。种子出苗前染病可造成烂种、烂芽。出土的病苗在近地面处幼茎上形成黄褐色椭圆形或长条形病斑，初期幼苗白天萎蔫，夜间恢复，严重时，病斑绕茎一周，凹陷、缢缩，病苗枯死，但病苗不易倒伏呈立枯状。有时在病部及茎基周围土面可见白色丝状物。

病原体为立枯丝核菌，病菌腐生性很强，主要以菌丝体或菌核在土壤内病残体及土壤中长期存活，也能混在没有完全腐熟的堆肥中生存越冬。此病初侵染来源主要是土壤、病株残体、肥料。病菌在田间通过风雨、耕作、流水、人畜、地下害虫等进行传播。

防治方法：参考猝倒病防治方法。

（三）炭疽病

炭疽病在各地普遍发生，特别在南方多雨地区发生尤甚，对西瓜、甜瓜稳产高产影响较大。整个生长期均能发生，通常在6月中下旬或7月上旬雨季盛发。西瓜、甜瓜的茎、叶、果实均可发病。叶片初现淡黄色斑点，呈水渍状，以后扩大成圆形病斑，褐色，外晕为淡黄色，干燥后呈褐色凹斑。蔓和叶柄受害时，初为近圆形水渍状黄褐色斑点，后成长圆形褐色凹斑。在未成熟的果实上病斑初呈水渍状，淡绿色，圆形。在成熟果上，病斑初期稍突起，扩大后变褐色，显著凹陷，上生许多黑色小点，呈环状排列，潮湿时其上溢出粉红色黏性物。

瓜类炭疽病菌属半知菌亚门，黑盘孢目，炭疽菌属。病菌主要附着于寄主的残体上遗留在土壤中越冬，种子也能带菌。病菌依靠雨水或灌溉水的冲溅传病，故近地面的叶片首先发病。湿度大是诱发此病的主要因素，在持续87%～95%的相对湿度下，潜育期3天，湿度愈低，潜育期愈长，发病较慢，在10～30℃温度下均能发病，通常以相对湿度90%～95%、温度20～24℃时发病最为严重。

防治方法：

（1）选用健株果实的种子留种，如种子有带病嫌疑，可用40%福尔马林100倍液浸种30分钟，或用硫酸链霉素加水稀释100～150倍浸种10分钟，清洗后播种。

（2）采用农业综合防治，实行轮作，合理施肥，增加磷、钾肥，提高植株的抗病能力；深沟排水，降低地下水位；畦面铺草等综合措施。

（3）根据常年的发病时期，定期喷药，雨季前后增加喷药次数和用量。可用75％甲基托布津可湿性粉剂500～700倍液或65％代森锰锌可湿性粉剂500倍液、80％炭疽福美可湿性粉剂800倍液、50％扑海因可湿性粉剂1 000～1 500倍液轮流喷雾防治，隔7～10天防治一次，连续喷2～3次。

（四）枯萎病

枯萎病是一种世界性的瓜类土传病害，也是西瓜、甜瓜生产中最严重的病害之一。该病在西瓜、甜瓜全生长期内均可发生，但以开花期和结果期发病最为严重。苗期发病，苗顶端呈失水状，子叶萎垂，茎基部收缩、褐变，苗株猝倒。成株期发病，植株生长缓慢，下部叶片发黄，逐步向上发展。发病初期基部叶片白天萎蔫，早晚恢复，数天后全株叶片萎蔫，不能再恢复，叶片枯死，全株死亡。在病蔓基部，表皮纵裂，常有深褐色胶状物溢出，有时纵裂处腐烂，致使皮层剥离，随后木质部碎裂，因而很易拔起。湿润时，病部表面出现粉红色霉状物。发病初期，切断病蔓基部检查，可见维管束呈黄褐色。

西瓜、甜瓜枯萎病由真菌半知菌亚门镰刀霉属尖镰孢菌侵染所致。病菌以菌丝体、厚垣孢子和菌核在土壤和未腐熟肥料中越冬，附着在种子表面的分生孢子也能越冬。病菌在土壤中离开寄主仍能存活3年以上。厚垣孢子和菌核能存活10～15年，通过牲畜的消化道仍保持其生活力，因此厩肥也可带菌。病菌通过根部的伤口或根毛的顶端入侵，先在寄主的细胞间隙繁殖，然后从中柱深入木质部，再向地上部扩展。该病潜育期的长短与入侵的部位相关，由根部入侵，发病快，由地上部入侵，发病较慢。影响发病的因素主要是温度和湿度，8～34℃均可发病，但以24～32℃为侵染的最适温度，苗期16～18℃时发生最多，雨后有利于传播，因而久雨遇旱或时雨时旱的气候条件下发病较多。在偏施氮肥引起徒长时，更易发病，施用新鲜厩肥由于带菌及发酵烤伤根部，均有利于发病。pH4.5～6的微酸性土壤，有利于发病。

防治方法：

（1）严格实行轮作，要求旱地7～8年，水田3～4年。

（2）选用抗枯萎病、耐重茬品种。

（3）种子消毒可用70％甲基托布津100倍液浸种1小时或50％多菌灵500倍液浸种1小时、2％～4％的漂白粉液浸种30分钟，洗净后播种；也可用55℃温汤浸种30分钟。都可取得较好的效果。

（4）利用瓜类枯萎病有明显的寄主专化型特征，采用葫芦、南瓜作砧木嫁接换根，是防治枯萎病的有效方法。

（5）在发病初期用50％苯莱特可湿性粉剂或75％甲基托布津可湿性粉剂500～800倍液，50％代森铵水剂1 000～1 500倍液或10％双效灵水剂300～500倍液，在根际浇灌，每株用药250毫升，7～10天灌一次，连续灌3～4次。

（五）蔓枯病

蔓枯病是西瓜、甜瓜的常见病害，因引起蔓枯而得名。植株地上部均可受害。叶片受害，最初病斑为褐色小斑点，逐渐发展成直径1～2厘米的病斑，近圆形或不规则圆形的黑褐色大斑。叶缘受害，形成黑褐色弧形、楔形大斑，病部干枯，表面有时散生黑色小点，即病菌的分生孢子器及子囊梗。茎蔓受害，早期多发生在茎基的分枝处，呈水渍状灰绿色病斑，渐渐沿茎扩展到各节部，受害处初现椭圆形或短条形褐色凹陷斑，并不断分泌黄色胶汁，干涸后凝结成深红色至黑红色的颗粒胶状物，附着在病部表面，多密生黑色小点。茎受害严重时，病部以上的植株枯死。果实受害，初为水渍状小斑，后扩大成圆形、暗褐色凹陷斑，在一些品种的果实上，病斑表面常呈星状开裂，内部木栓状干腐，发黑后则腐烂，病斑上也可产生许多分散的黑色小点。蔓枯病症状与炭疽病症状相似,其区别在于病斑上不发生粉红色的黏稠物,而是发生黑色小点状物。与枯萎病的区别是病部茎蔓维管束不变色。

病原菌为子囊菌,以分生孢子及子囊在病残体、土壤中越冬,种子表面也可带菌。翌年气候条件适宜时,孢子散出,经风吹、雨溅传播。病菌主要通过伤口、气孔侵入寄主。发病的最适温度为 20～30℃。高温多湿、通风不良的田块,容易发病。pH3.4～9 均可发病,但以 5.7～6.4 为适宜。缺肥、长势弱有利发病。

防治方法:

(1) 选用无病的种子,播种前进行种子消毒处理。

(2) 实行 3 年以上的轮作。加强田间管理,合理施肥,加强排水,注意通风透光,增强植株的生长势。

(3) 及时清除、销毁病株残体。瓜地进行深耕、冬灌,以减少田间越冬菌源。

(4) 药剂防治可用 70％代森锰锌湿性粉剂 500～600 倍液或 50％百菌清可湿性粉剂 600 倍液、75％甲基托布津可湿性粉剂 800 倍液、60％防霉宝可湿性粉剂 500 倍液,交替喷雾防治,也可用 1:50 倍甲基托布津或敌克松药液涂抹病部。

(六) 疫病

疫病又称疫霉病,危害西瓜、甜瓜的叶、茎和果实。苗期发病时,子叶上出现圆形水渍状暗绿色病斑,病斑中央渐变成红褐色,下胚轴近地面处明显缢缩,病苗很快倒伏枯死。叶片发病,初现暗绿色水渍状圆形或不规则小斑点,迅速扩大。湿度大时病斑扩展很快,呈水煮状,干燥时病斑变淡褐色,易干枯破裂。当叶柄和茎部受侵害后呈现纺锤状凹陷的暗绿色水渍状病斑,然后缢缩,病部以上全部枯死。果实上病斑呈圆形凹陷暗绿色水渍状,很快发展至整个果面,果实软腐,表面密生绵毛状白色菌丝。

　　病原菌主要以菌丝体、卵孢子和厚垣孢子在病残体、土壤和未腐熟的肥料中越冬。第二年卵孢子和厚垣孢子萌发产生孢子囊，在高湿条件下释放出游动孢子，通过雨水、灌溉水传播到寄主上。病菌发育的温度为 5～37℃，最适温度为 28～30℃。高湿是病害流行的决定因素。长期阴雨，排水不畅、通风不良的田块上易发此病。

　　防治方法：

　　（1）实行 3 年以上轮作。冬季深翻晒垡，收获后及时清园。

　　（2）选择地势高、排水良好的田块种植。采取短畦、深沟，加强排水。

　　（3）前期促进根系的生长，及时整枝，防止生长过密，通风不良。

　　（4）药剂防治必须在病害蔓延前进行，可选用 40％乙磷铝（霉疫净）可湿性粉剂 200～300 倍液或 64％杀毒矾可湿性粉剂 500 倍液、75％百菌清可湿性粉剂 500～700 倍液、75％甲基托布津可湿性粉剂 500～800 倍液，5～7 天喷药一次，连喷 2～3 次，雨后需补喷。必要时还可用以上药剂灌根，每株灌药液 250 毫升，灌根与喷雾同时进行，防效明显。

（七）白粉病

　　白粉病主要发生在西瓜、甜瓜生长中后期，以叶片受害最重，果实一般不受害。初期叶片正、背面及叶柄发生白色圆形的小粉斑，以叶片的正面居多，逐渐扩展，成为边缘不明显的大片白粉区，严重时叶片枯黄，停止生长。以后白色粉状物逐渐转为灰白色，进而变成黄褐色，叶片枯黄变脆，一般不脱落。

　　病原菌为子囊菌亚门白粉菌目的菊二孢白粉菌和单丝壳白粉菌。病菌主要由气流和雨水传播，田间湿度大，温度 16～24℃，容易流行。植株徒长、枝叶过多、通风不良等，有利于该病发生。

　　防治方法：

（1）加强田间管理，合理密植，及时整枝理蔓，不偏施氮肥，增施磷、钾肥，促进植株健壮。注意田园清洁，及时摘除病叶，减少重复传播蔓延的机会。

（2）药剂防治应在发病初期及早进行。可喷施 15％粉锈宁可湿性粉剂 1 000 倍液或 40％敌菌铜 800 倍液、75％甲基托布津可湿性粉剂 1 000 倍液、75％百菌清可湿性粉剂 500～800 倍液，交替使用，每 7～10 天施用一次，连续喷 2～3 次。

（八）霜霉病

霜霉病俗称跑马干、黑毛病，是甜瓜、黄瓜的毁灭性病害，也危害西瓜、丝瓜、节瓜等葫芦科植物。霜霉病主要危害叶片。发病初期叶片上先出现水浸状绿色小点，后扩大，受叶脉限制成多角形淡褐色斑块，病斑干枯易碎。潮湿时，病斑背面长出灰黑色霉层，后期霉层变黑。严重时病斑连片，全叶变黄褐色，干枯卷曲，病田植株一片枯黄。病株果实变小，品质降低。

病原菌为真菌鞭毛菌亚门霜霉目假霜霉属。病菌主要以卵孢子在土壤中病残体上越冬，也可菌丝体和孢子囊在温室受害株上越冬。孢子囊通过气流、雨水和昆虫传播。孢子囊萌发后，自寄主气孔或直接穿透寄主表皮侵入。田间病残体上的卵孢子萌发后产生大型孢子囊，在适宜条件下释放出游动孢子进行初侵染，发病后不断产生孢子囊，从而造成病害发生和流行。霜霉病发生和流行与温湿度关系最大，特别是湿度。湿度越高，孢子囊形成越快，数量越多。地势低洼，浇水过多，种植过密，透光不好，雨露多，昼夜温差大，湿度高，有利于发病。

防治方法：

（1）加强田间管理，不偏施氮肥，及时除草，整枝打杈，控制浇水，防止徒长，增强抗性。

（2）及时摘除病叶，带出田外销毁。

（3）发病初期及早喷药防治，可用 40％乙磷铝可湿性粉剂 300 倍液或 75％百菌清可湿性粉剂 800 倍液、25％甲霜灵可湿性粉剂 600 倍液、50％福美双可湿性粉剂 500 倍液，每隔 7～10 天喷一次，连续防治 3～4 次。霜霉病通过气流传播，发展迅速，易流行，喷药必须及时、周到和均匀，同时加强栽培管理，才能起到较好的效果。

（九）叶枯病

瓜类叶枯病又称褐斑病、褐点病，危害多种葫芦科植物。多发生在瓜生长的中后期。主要危害叶片，也侵染叶柄、瓜蔓及果实。一般多从基部叶片首先发病，先产生黄褐色小点，后逐渐扩大，变大隆起呈水渍状，病健部界限明显，但轮纹不明显，在高温高湿条件下叶面病斑较大，轮纹也较明显，几个病斑回合成大斑，致使叶片干枯。瓜蔓受害，蔓上产生褐色卵形或纺锤形小斑，其后病斑逐渐扩大并凹陷，呈灰褐色，植株生命力降低。果实受害，初见水渍状小斑，后变褐色，略凹陷，湿度较大时在病斑上出现黑色轮纹状霉层，随着病情不断发展，部分病斑呈疮痂状，严重时瓜即龟裂而腐烂。

病原菌为半知菌亚门丝孢目链格孢属。以菌丝体及分生孢子在种子、土壤中病残体及其他寄主上越冬。次年春天条件适宜时，形成大量分生孢子侵染寄主，成为初次侵染源。高温高湿有利于病害侵染，分生孢子在 25～32℃的条件下萌发生长最快。

防治方法：

（1）选用无病种子并进行种子消毒处理。

（2）加强栽培管理，重施基肥，合理施氮、磷、钾复合肥，促进壮苗，增强植株抗病性。坐果期需水量大，可采用小水勤灌，严禁大水漫灌。

（3）发病初期及时喷药保护，可选用 50％速克灵可湿性粉剂或 50％扑海因可湿性粉剂 1 000 倍液、70％代森锰锌可湿性粉剂 500 倍液、50％退菌特可湿性粉剂 500～600 倍液，隔 7～10 天喷一次，连续喷 2～3 次。

（十）病毒病

西瓜、甜瓜病毒病可分为花叶型、蕨叶型、斑驳型和裂脉型，以花叶型和蕨叶型最为常见。花叶型病叶呈黄绿相间，叶形不整，叶面凹凸不平，严重时病蔓细长瘦弱，节间短缩，花器发育不良，果实畸形。蕨叶型心叶黄化，叶形变小，叶缘反卷，皱缩扭曲，病叶叶肉缺生，仅沿主脉残存，呈蕨叶状。西瓜、甜瓜病毒病由多种病毒侵染引起，可由昆虫（蚜虫、粉虱、蓟马等）或田间操作等接触传播。高温、干旱、强日照，利于蚜虫繁殖和迁飞，又利于病毒增殖，因而发病重。缺水、缺肥、管理粗放易发病。瓜田杂草丛生，以及附近种植蔬菜，病源多，也易发病。

防治方法：

（1）种子处理用10％磷酸三钠浸种20分钟，可使种子表面携带的病毒失去活力。

（2）适时早播，大苗移栽，提早西瓜、甜瓜生育期，避开蚜虫迁飞高峰，减少病毒传染，达到避病的目的。

（3）加强肥水管理。施足基肥，苗期轻施氮肥，在保证植株正常生长的基础上，增施磷、钾肥。当植株出现初期病状时，应增施氮肥，并灌水提高土壤及空气湿度，以促进生长，减轻危害。

（4）清除杂草和病株，减少毒源。在整枝、压蔓时，健株和病株分别进行，防止人为接触传播。

（5）及时防治蚜虫，尤其在蚜虫迁飞前要连续防治。

（6）发病初期可喷20％病毒A乳油500倍液或病毒K乳油400倍液、2％菌克毒克水剂300倍液喷雾。

（十一）根结线虫病

线虫寄生于植株的侧根或须根上，形成根结，开始如针头大小，以后增生膨大，多个根结相连，呈节结状或鸡爪状、串珠状，表明粗糙，白色至黄色白色，根结易腐烂。被寄生的根系发育不良，侧根短而少，植株地上部分生长势衰弱，植株矮小，影响结实，瓜果小，品质差，严重者叶落蔓枯。西瓜、甜瓜出苗5～7天，在根上就可形成白色圆形根结，若根结密度过大，加之苗期缺水，则可导致幼苗急性死亡。

根结线虫以卵或二龄幼虫在土中或根结中越冬。土壤、病苗及灌溉水是主要传播途径。土温25～30℃、土壤持水量40%左右时发育快，10℃以下幼虫停止活动。沙质土壤或土质疏松、土壤含盐量低，有利于发病。连作地块发病重。

防治方法：

（1）以禾本科作物轮作3年以上。

（2）夏季前作拉秧后漫灌，覆膜晒5～7天，使膜下25～25厘米土层温度升高至45～48℃，甚至50℃。加之高湿（相对湿度90%～100%），可起到较好的杀虫效果。

（3）应用无病土、净肥、鸡鸭粪高温堆制后施用。

（4）药剂防治每亩用D-D混剂熏蒸剂20升原液或80%二氯异丙醚乳剂90～170毫升1 000倍液施入瓜沟，覆盖熏蒸7～14天，然后在原沟栽瓜。每株用90%敌百虫800～1 000倍液或3%灭线磷300倍液、0.6%灭虫灵3 000倍液200毫升灌根。

三、西瓜甜瓜主要虫害识别与防治

（一）黄守瓜

黄守瓜成虫为褐黄色小甲虫。体长8～9毫米，前胸背板长方形，中央有一条波状横沟。老熟幼虫体长约12毫米，头部黄褐色，前胸背板黄色，胸腹部黄白色，各节有不明显的小黑瘤。一年发生数代，以成虫在草丛、枯枝落叶和土缝中越冬，翌年春季先在蔬菜、果树上取食，当瓜苗3～4片叶时，转移至瓜苗上危害，当瓜苗5～6片叶时受害最重。成虫、幼虫均能危害，以幼虫危害瓜苗最重。成虫白天活动，在湿润的土壤中产卵，食害叶片、花器和幼果，咬成半圆形或圆形小孔，苗期盛发时可把幼苗全部吃光，造成缺株。幼虫在土中咬食细根或钻入主根髓部近地面茎内，导致瓜苗生长不良，以致枯死。

防治方法：

（1）成虫有假死现象，可利用其假死性，在清晨捕杀。在植株周围铺一层麦壳、砻糠等，可防止其产卵。在瓜苗上插松枝有驱避作用。

（2）药剂防治成虫用40％氰戊菊酯2 000倍液或21％增效氰马乳油8 000倍液喷雾；幼虫期用晶体敌百虫1 500～2 000倍液灌根。

（二）蚜虫

蚜虫成虫分有翅型和无翅型两种。无翅胎生雌虫体长1.5～1.8毫米，体色夏季黄绿色或黄色，春秋季深绿、蓝黑或黄色，体末端有1对暗色腹管。尾片青绿色，两侧有刚毛3对。有翅胎生雌虫体1.2～1.9毫米，体黄、浅绿或深绿色，前胸背板黑色，有透明翅2对，腹部两侧有3～4对褐斑，腹管暗黑色，圆筒形，尾片同无翅胎生雌虫。蚜虫繁殖快，一年可繁殖10～20代，以卵在木槿或杂草等寄主上越冬，春季孵化后先在越冬作物上繁殖数代后，产生有翅蚜，再迁飞到瓜苗危害。成虫、若虫群集在叶背吸食汁液，使叶片卷缩，生长不良，严重时全株枯死。蚜虫可传播病毒病。高温干旱有利于繁殖。

防治方法：

（1）清除杂草，消除越冬卵，或在有翅蚜迁飞前用药杀灭。

（2）有翅蚜对黄色有趋性，灰色对它有驱避作用。在瓜田设置黄色板，上面涂凡士林或机油，以诱杀蚜虫；用银灰色塑料薄膜遮盖，以驱避蚜虫。

（3）药剂防治可喷40％乐果乳油1 000～1 500倍液，随着植株生长，浓度可增至800～1 000倍液；也可用2.5％溴氰菊酯或2.5％功夫乳油3 000～4 000倍液喷雾。

（三）瓜叶螨

瓜叶螨又称红蜘蛛。成虫椭圆形，雌虫体长0.48～0.55毫米，雄虫体长约 0.26 毫米，鲜红或深红色，腹部左右各有 1 个暗斑。幼虫体圆形，长约 0.15 毫米，暗绿色，眼红色，足 3 对。若虫体椭圆形，长 0.21 毫米，红色。卵圆球形，直径 0.13 毫米，无色透明，有光泽。北方以雌成虫潜伏在菜叶、杂草或土缝中越冬，南方以成虫、若虫、幼虫和卵在冬作寄主上越冬。春季先在过冬寄主上繁殖危害，以后转移到瓜秧上危害。成虫、幼虫群集叶背吸食汁液，被害部位初呈黄白色小圆斑，严重时叶片发黄枯焦。在夏季高温干燥盛发时，叶片卷缩，呈锈褐色。

防治方法：

（1）晚秋、早春清除瓜田周围杂草，并烧毁，以消灭越冬瓜叶螨。

（2）加强田间管理，合理施肥、灌水，增加田间湿度，减少繁殖。

（3）药剂防治要在田间初发时喷药，着重喷叶背面，连续 2～3 次。选用 40％乐果乳油 1 500～2 000 倍液或 10％虫螨灵 4 000 倍液、20％灭扫利 3 000 倍液，均有较好的效果。

（四）白粉虱

白粉虱成虫体长 0.9～1.5 厘米，虫体和翅覆有白色蜡粉，口器刺吸式。卵长椭圆形，长 0.2～0.25 厘米，初淡黄色，后由褐变黑，开始孵化。若虫扁平，椭圆形，淡黄色或黄绿色。成虫、若虫群集叶背吸食汁液，叶片褪绿黄化。分泌蜜露，诱发媒污病，传播病毒病，造成减产，甚至绝收。

防治方法：

（1）成虫有趋黄色的习性，可用黄板进行诱杀。

（2）在晴天中午先喷 40％氧化乐果 1 000 倍液，杀死卵和幼虫，然后将 80％敌敌畏 180 毫升对水 10 升，加锯末 40 千克，混合，撒在瓜行地面行间，然后将大棚或温室密闭熏蒸，每隔 7 天进行一次。

（3）用 25％功夫乳油 2 000 倍液或 20％灭扫利乳油 2 000 倍

液、25％扑虱灵 1 500 倍液、25％天王星乳油 3 000 倍液，轮流喷杀。

（五）蓟马

蓟马分布广，食性杂。以成虫、若虫锉吸心叶、嫩芽、花和幼果的汁液，致使心叶不能正常展开，生长点萎缩。幼瓜受害后，表皮呈锈色，畸形，生长缓慢，严重时造成落果。

危害瓜类的蓟马主要为烟蓟马、黄蓟马和花蓟马。烟蓟马以成虫在土块、土缝、枯枝落叶上或寄主上越冬，也可以若虫越冬。在温暖的南方，无越冬现象。雌虫可营孤雌生殖，产卵于叶背的叶肉或叶脉组织，一龄、二龄若虫活动取食危害，三龄、四龄若虫在土中经历前蛹期和伪蛹期，羽化后出土，成虫极活泼、善飞，可借风远距离迁飞，喜在叶背活动，对蓝光有强烈趋性。25℃和相对湿度低于 60％时，有利于发生，干旱少雨地区发生重。暴雨抑制发生。

防治方法：

（1）清除杂草，增加灌溉，调节田间小气候，压低虫口。

（2）在蓟马发生期施药，用灭杀毙 6 000 倍液或 50％辛硫磷 1 000 倍液、20％氯·马乳油 2 000 倍液、10％菊·马乳油 1 500 倍液、10％溴·马乳油 1 500 倍液、50％乐果乳油 1 000 倍液喷雾，必要时可连续喷施 2～3 次。

（六）美洲斑潜蝇

美洲斑潜蝇成虫在西瓜、甜瓜叶片背面产卵，孵化后，幼虫在叶片内潜食叶肉，留下叶表面，在叶面形成弯曲白色透明的小隧道。危害严重时叶面布满隧道，叶片干枯脱落，影响光合作用。危害症状明显，在田间易于识别。

防治方法：

（1）清洁田园，减少虫源。早春及时清除田间杂草，并栽培寄主。田间发现被害叶片时及时摘除，集中烧毁。收获后，及时清除残枝老叶，集中高温堆肥或烧毁，降低虫口密度。

（2）利用成虫有趋黄色的习性，用黄色粘蝇纸或黄板诱杀。

（3）当叶片出现小隧道时用药剂喷洒，这时虫口密度低，既可杀死幼虫，又可杀死成虫。可选用1％灭虫灵乳油3 000倍液或1.8％爱福丁乳剂3 000倍液、1.8％虫螨克乳油3 000倍液、2.5％功夫乳油1 000倍液，轮流使用。

（七）瓜绢螟

瓜绢螟又称瓜螟，主要以幼龄幼虫在叶背啃食叶肉危害。3龄后幼虫吐丝将叶或嫩梢缀合，匿居其中取食，致使叶片穿孔或缺刻，严重时仅留叶脉。幼虫经常蛀入瓜中，影响产量和质量。瓜绢螟幼虫在田间比较容易辨认，末龄幼虫体长23～26毫米，头部、前胸背板淡褐色，胸腹部草绿色，亚背线呈2条较宽的乳白色纵带，气门黑色。

防治方法：

（1）及时清理瓜地，消灭隐藏在枯藤落叶中的虫蛹。

（2）幼虫发生初期及时摘除卷叶，消灭部分幼虫。

（3）幼虫盛发期可选用21％增效氰·马乳油8 000倍液或20％氰戊菊酯3 000倍液、40％乐果乳油1 000倍液、50％马拉硫磷或敌敌畏1 000倍液、20％氯·马乳油3 000倍液。

（八）小地老虎

小地老虎又称地蚕或黑土蚕。成虫为褐色蛾子，前胸背面有黑色W纹，前翅褐色，后翅灰白色。卵半圆形，初产时乳白色，后转黄色。幼虫灰褐色，体上有小粒突起，体长55～57毫米。蛹赤褐色，有光泽。以幼虫和蛹越冬。一年发生4～7代，在华南地区终年繁殖。杂食性。刚孵化的幼虫先在嫩叶上咬食，此时食量小，3龄后转入土内，夜间出来活动，食量增加，常咬断嫩苗，并将咬断部分拖入土穴内取食。幼虫行动敏捷，有假死现象，以第一代、第二代幼虫危害最严重。

防治方法：

（1）冬春除草，消灭越冬幼虫。栽苗前田间堆草，人工捕捉。

（2）3月中下旬用黑光灯或糖醋液诱杀成虫。糖醋液配方：糖、醋、酒各1份，加水100份，加少量敌百虫。

（3）毒饵诱杀。用晶体敌百虫0.25千克，加水4～5升，喷在20千克炒过的棉仁饼上，做成毒饵，傍晚撒在幼苗周围。也可用敌百虫0.5千克，溶解在2.5～4千克水中，喷在60～75千克菜叶或鲜草上，于傍晚撒在田间诱杀，严重时隔2～3天再用一次。

彩图1 小拱棚

彩图2 大棚西瓜栽培

彩图3 西瓜压蔓

彩图4 竹木中棚甜瓜栽培

彩图5 甜瓜吊蔓栽培

彩图6 甜瓜无土栽培

彩图7　工厂化嫁接育苗

彩图8　膜下滴灌

彩图9　授粉日期标记

彩图10　炭疽病病叶

彩图11　西瓜白粉病

彩图12　西瓜病毒病（果实症状）

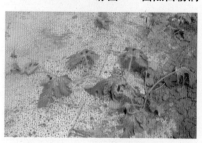

彩图13　西瓜枯萎病萎蔫症状

彩图14 薄皮甜瓜病毒病

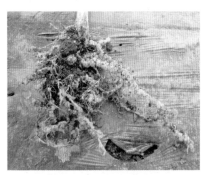

彩图15 根结线虫为害症状

彩图16 枯萎病维管束褐变

彩图17 霜霉病叶部背面

彩图19 甜瓜白粉病

彩图18 炭疽病为害果实

彩图20 甜瓜蔓枯病

彩图21　甜瓜蔓枯病茎蔓部病斑

彩图22　甜瓜蔓枯病后期

彩图23　甜瓜霜霉病

彩图24　红蜘蛛（叶背面）

彩图25　红蜘蛛为害状

彩图26　黄守瓜

彩图27　蚜虫为害状